U0050324

節慶DIY

節慶禮品包裝

wrapping gift

do it yourself @2001

目錄 contents

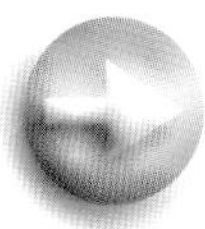

節慶包裝 celebration 02

wrapping gift

do it yourself @2001

前言 preface

隨著生活水準的高漲

大家對送禮的要求也愈來愈高

不只是禮物本身品質的要求

連帶包裝也成爲提高禮品質感不可或缺的重要環節之一

舉凡色彩的搭配

包裝的樣式

緞帶花的挑選

都成爲節慶包裝研究的重點

本書分爲兩大部分

第一部份爲基本技巧的練習

第二部份爲實例應用

使您不管在各種節日

禮品包裝都會令人留下深刻的印象

wrapping gift
工具材料
do it yourself @2000
materials tool

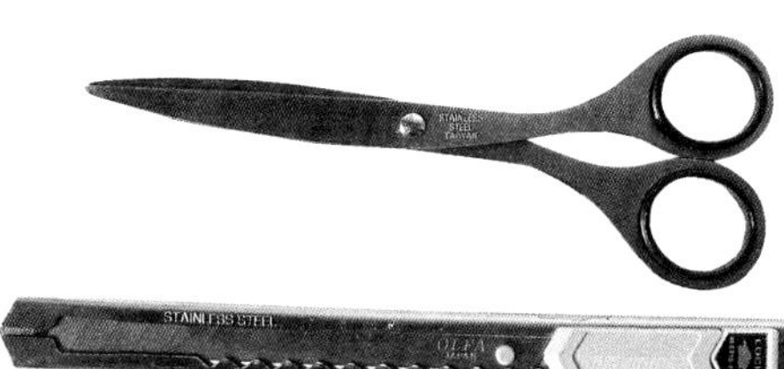

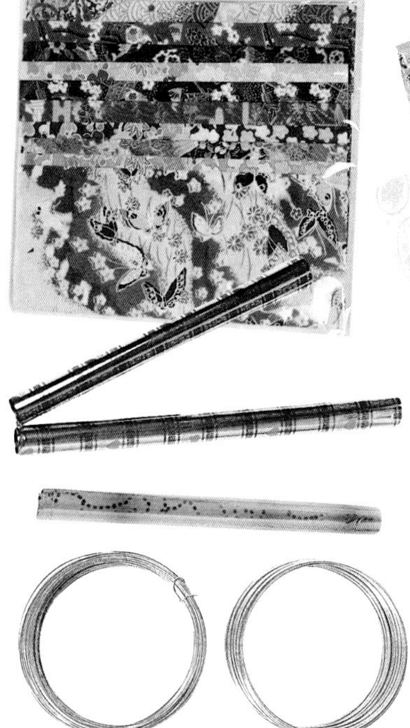

GARDÉNIA
CHANEL
EAU DE TOILETTE
DIY物語
織布風雲
Delightful Flannel Teddy Buddy
Ideal for children (and adults), these soap filled flannel teddy bears act as sure companions in the shower or bath. Refillable too !!!
Bali Harum
Unique, fine quality gifts from the Island of Bali
12 YEARS OLD
THE DALMORE
SINGLE HIGHLAND MALT SCOTCH WHISKY
YEAR 12 OLD
THE DALMORE
SINGLE HIGHLAND MALT SCOTCH WHISKY
PRODUCT OF SCOTLAND
FERRERO ROCHER

新年

happy new year

HAPPY NEW YEAR

VALENTINE'S DAY

情人節
the valentine's day

端午節/中秋節/兒童節

the dragon boat festivel/ the moon festivel/children's day

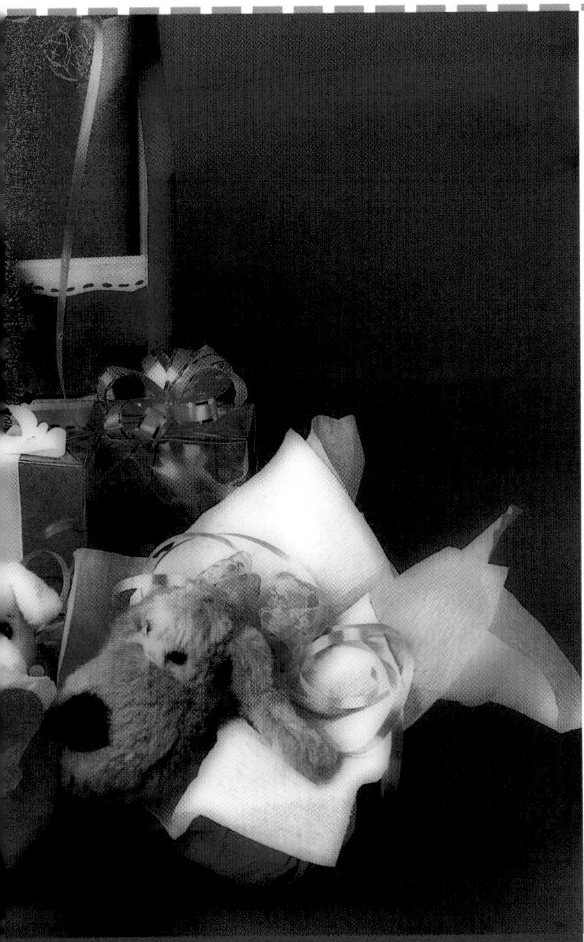

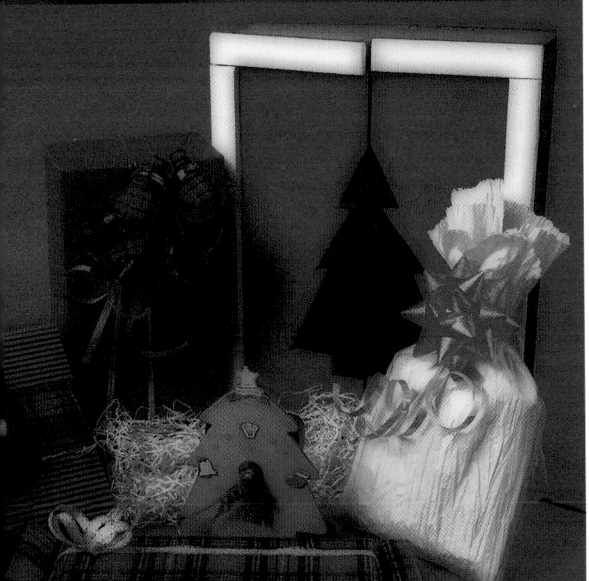

THE MOON FESTIVEL

HALLOWEEN

萬聖節
halloween

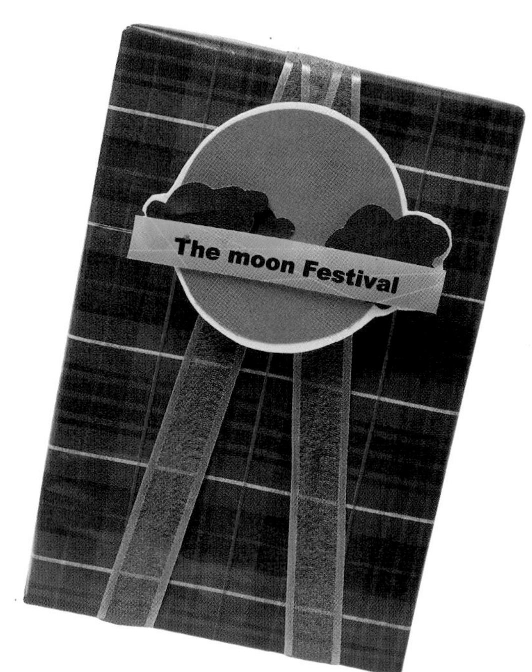

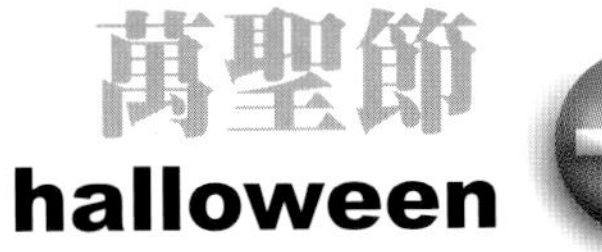

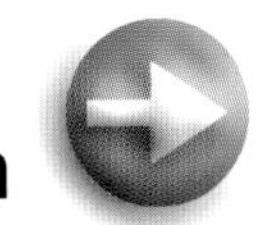

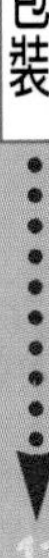

父親節/母親節

the father's day/the mother's day

HAPPY FATHER'S DAY

HAPPY WEDDING

新婚/生日

happy wedding
happy birthday

環保
protecting the environment

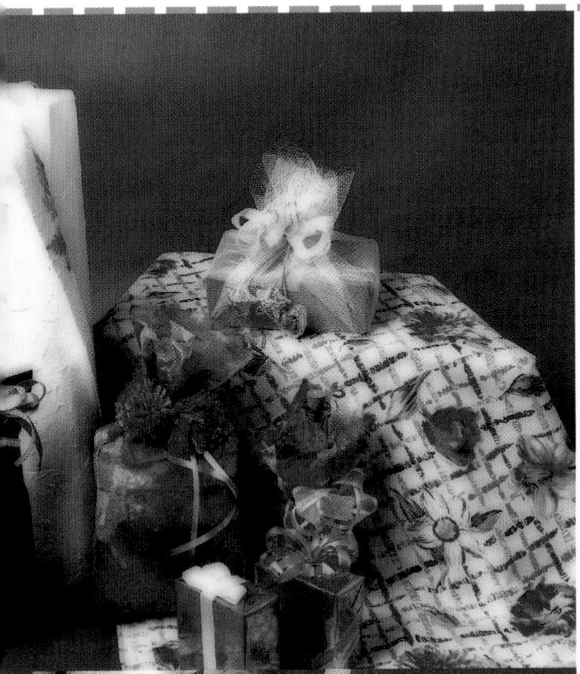

手創館- 台北市中華路一段88號

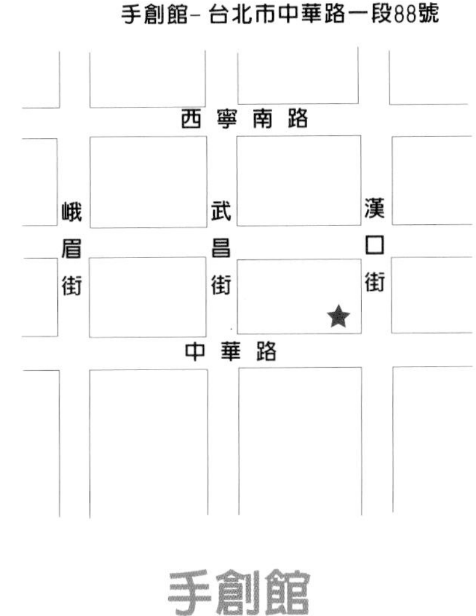

手創館

包裝廣場-台北市中山北路二段30號

包裝廣場

wrapping gift 基本技法 01

do it yourself @2001

緞帶打法

基本盒形包裝

緞帶綁法

不規則禮品包裝

wrapping 緞帶打法

基本技法一 satin ribbon

緞帶打法

緞帶打法是包裝中最基本的技巧，別看它看似複雜，其實多打幾次會越來越熟練，緞帶花有著畫龍點睛的重要性。

1.

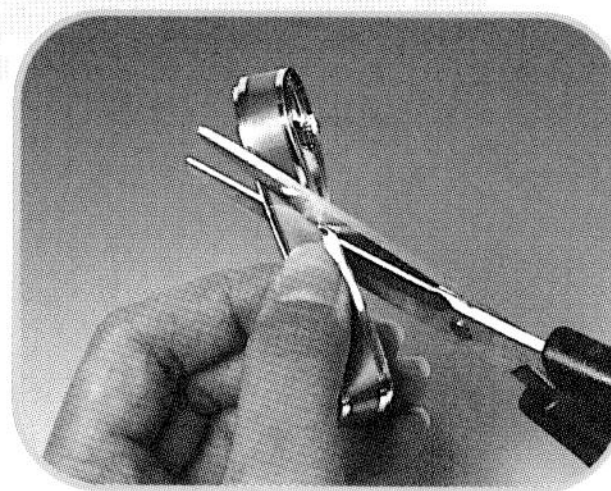

1 取一緞帶重覆繞4～5圈。

2 將緞帶對折後在中心點兩端剪出兩個斜口。

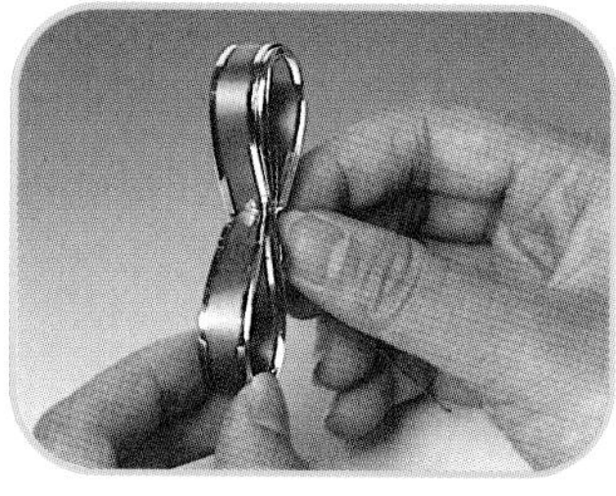

3 將鐵絲纏繞於兩斜口處固定中心點。

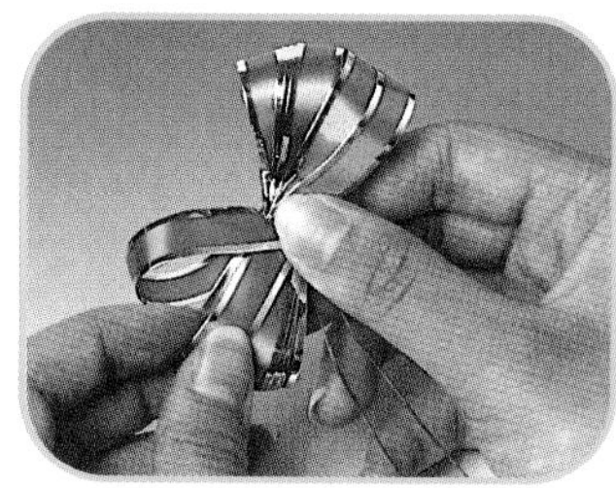

4 由內向外拉出圓圈，須呈現球體。

2.

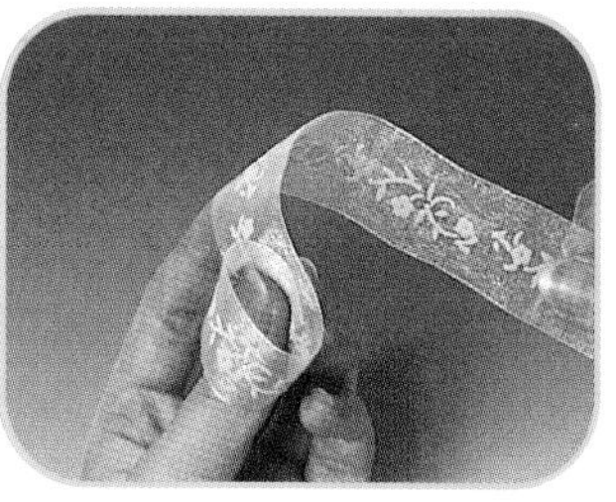

1 在緞帶最前端繞出一個小圓。

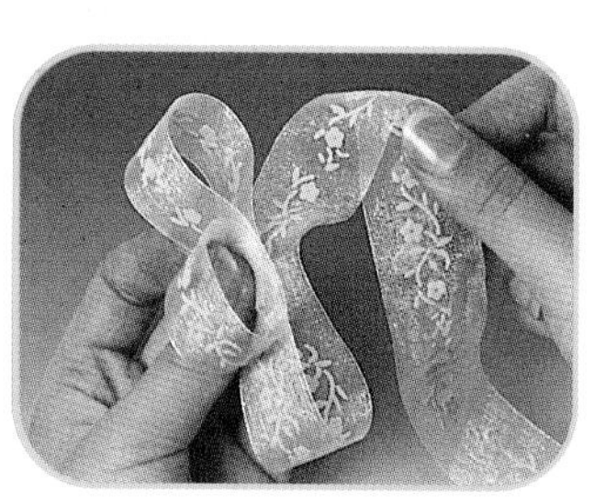

2 依小圓圈為中心，向左右回繞，愈下層圓圈愈大。

3 用釘書機固定中央，剪去剩餘部份即完成。

3.

1 緞帶繞圈後，將中心找出，即成8字型。

2 將緞帶往前拉後做出一圓圈。

3 交叉做出兩個蝴蝶結。

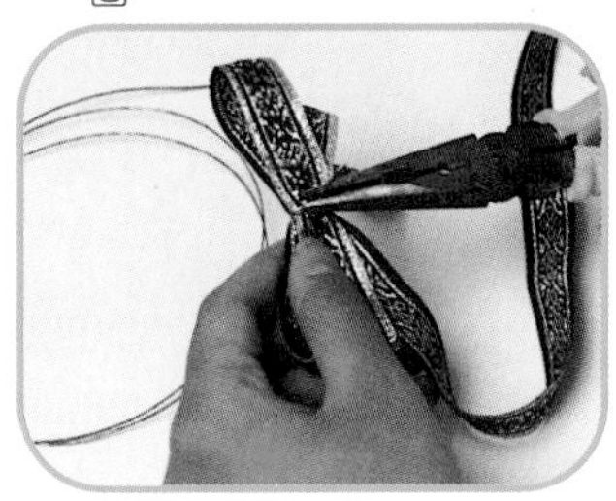

4 用細鐵絲固定即可。

4.

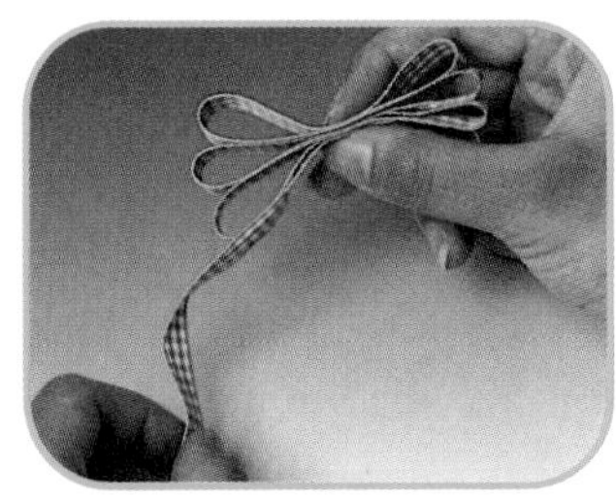

1 找出中心點連續繞出四個圓圈。

2 用釘書機固定中央。

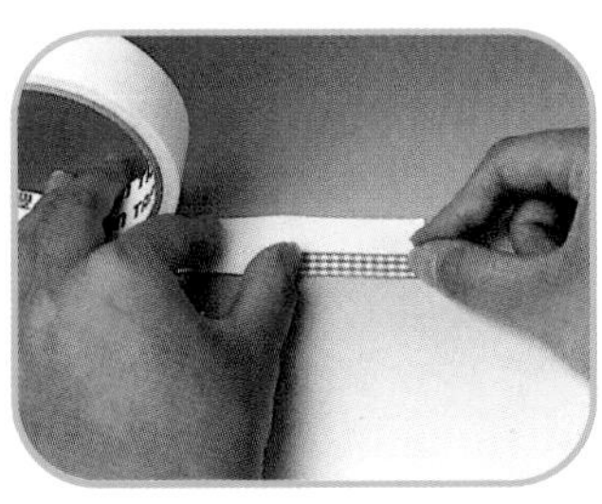

3 剪下一小段緞帶背黏雙面膠。

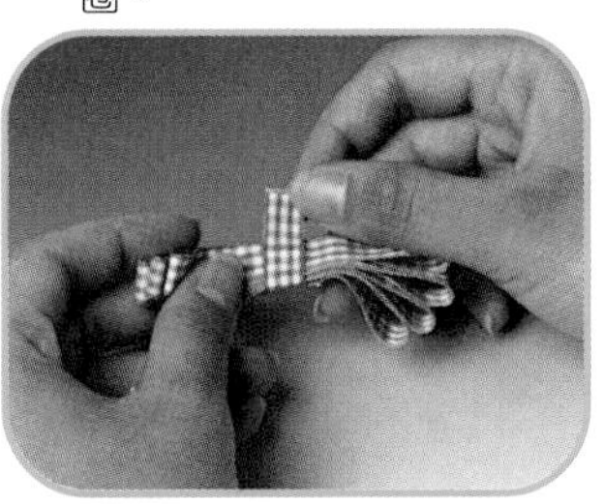

4 用小緞帶黏至中心點遮掩釘書針。

wrapping 緞帶打法

基本技法一 satin ribbon

5.

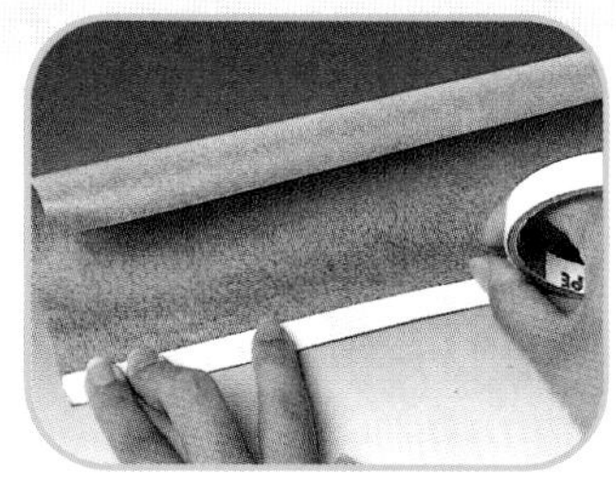

1 裁下一張8×30公分的包裝紙，將其中一邊黏上雙面膠。

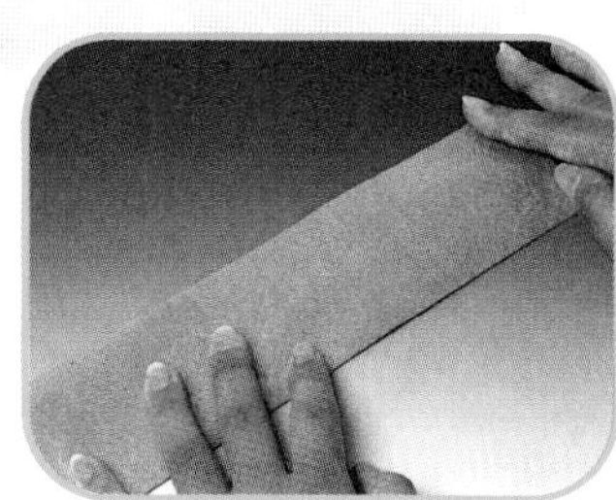

2 將包裝紙對折。

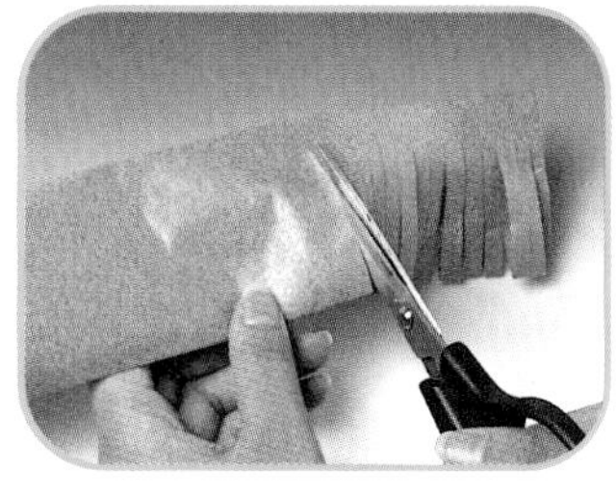

3 將未黏雙面膠的一邊用剪刀剪出缺口。

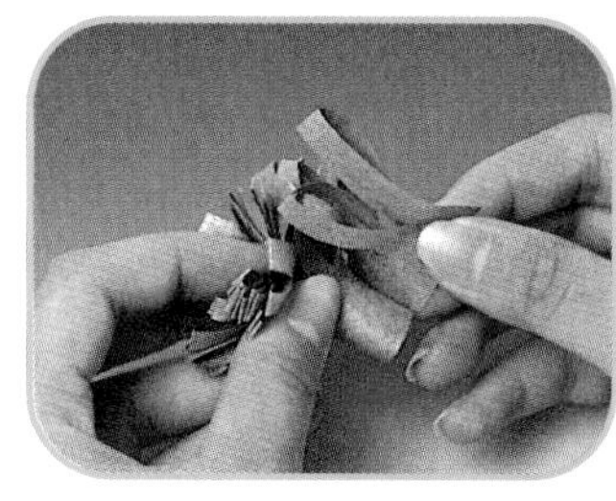

4 將包裝紙捲曲後固定，剝開圓圈整理即可

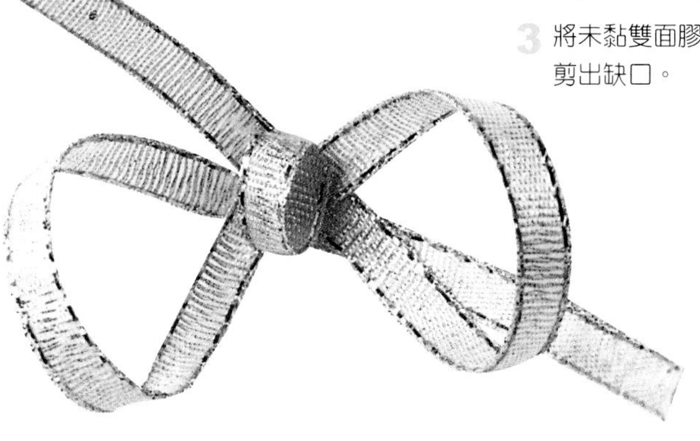

6.

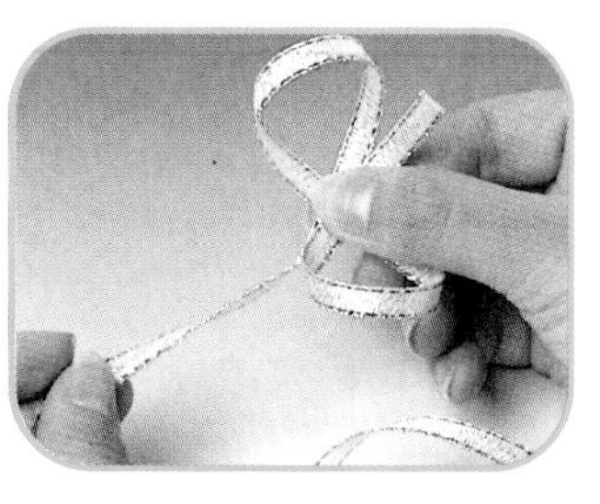

1 取一較硬的緞帶，圈出一個8字型。

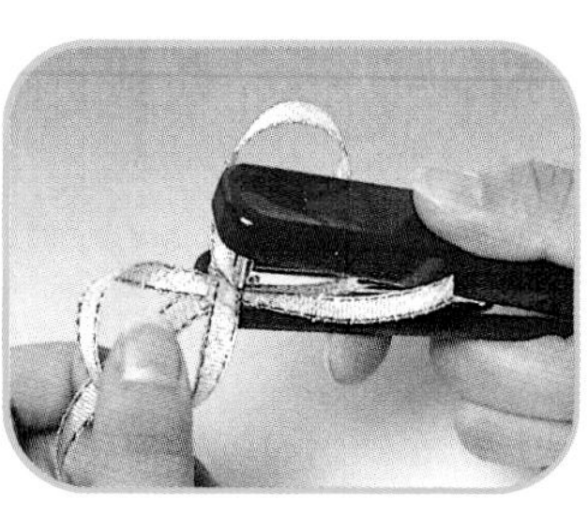

2 用釘書機固定中心點。

7.

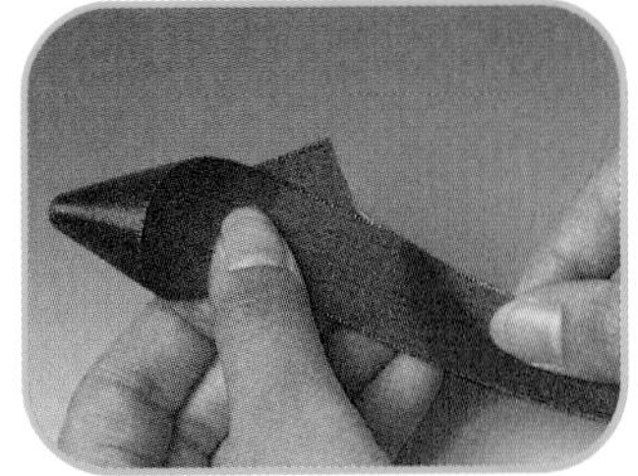

1 在頂端繞出一個三角形的圓圈。

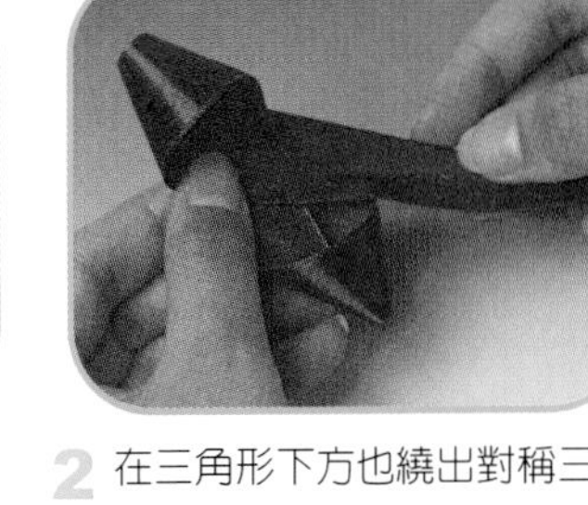

2 在三角形下方也繞出對稱三角弧形。

3 依其模式做出數個對稱三角弧形。

4 最後在中心部份繞出一個小圓圈、用釘書機固定。

8.

1 繞二個對稱的8字型。

2 用釘書機固定中央。

3 用一小段緞帶繞圈黏至8字型中央即完成。

wrapping ■ 緞帶打法

基本技法－satin ribbon

9.

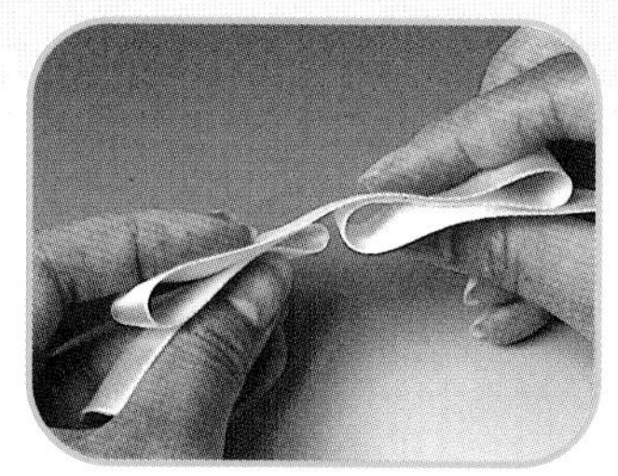

1 將一條緞帶繞成二個相連的S形。

2 取一段緞帶背黏雙面膠。

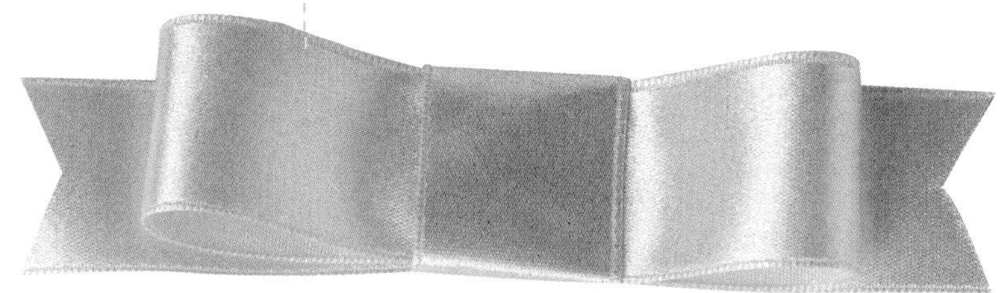

3 黏至蝴蝶結中央即可。

10.

1 取一緞帶繞出數個錯開的8字型。

2 緞帶末端繞個圓圈至中心點固定。

3 用釘書機固定。

11.

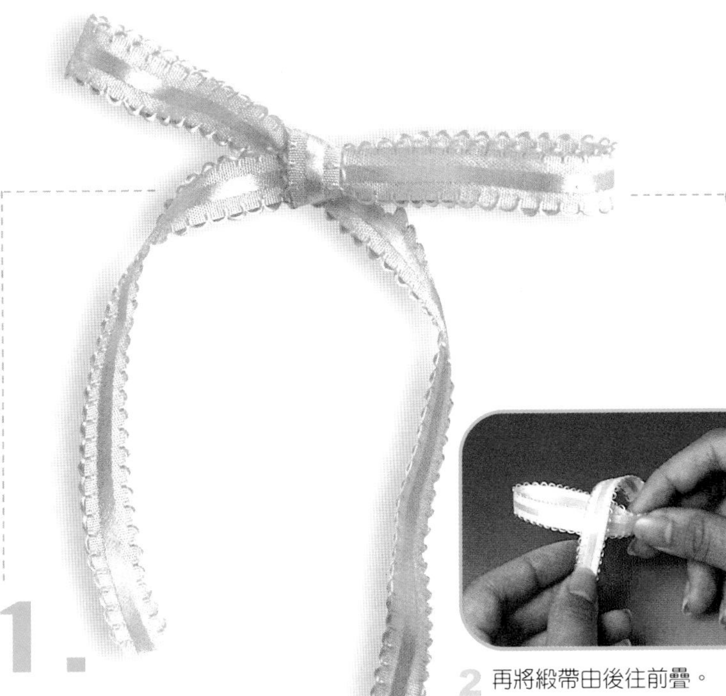

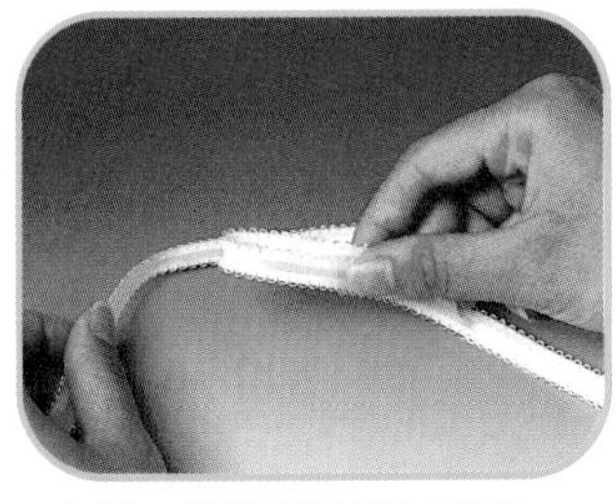

1 取一緞帶前端繞出圓圈。

2 再將緞帶由後往前疊。

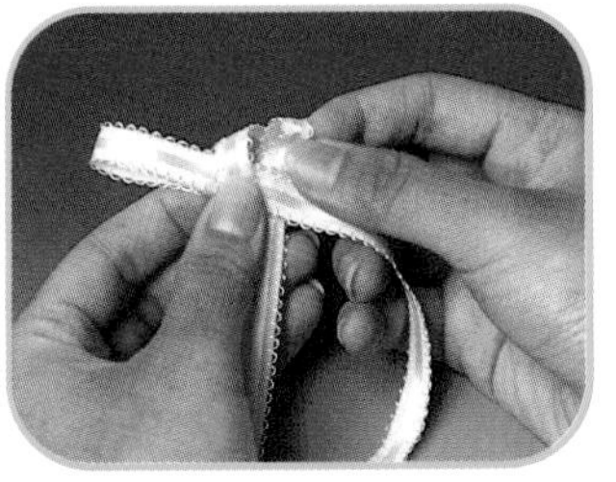

3 再捏出一個圓圈穿過前一個圓圈拉緊即可。

12.

1 取一緞帶捏出一個圓圈。

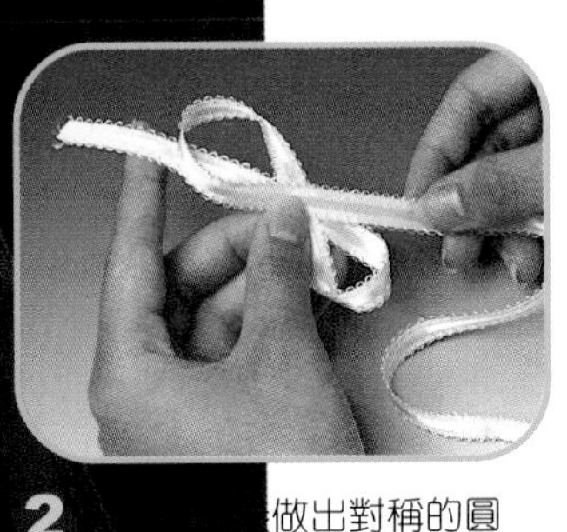

2 …做出對稱的圓

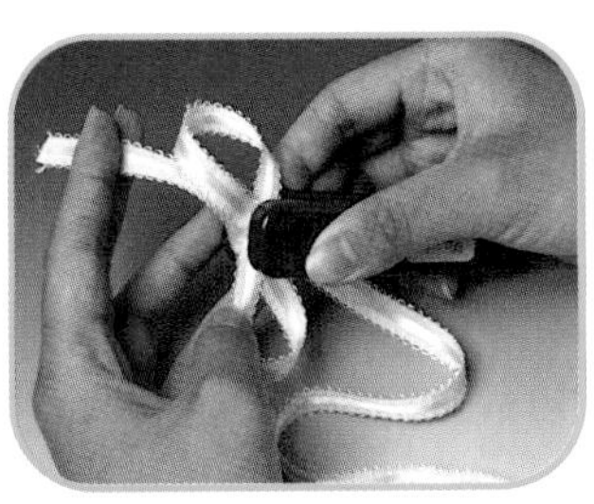

3 用釘書機固定即可。

wrapping. 基本盒形包裝

基本技法一 wrap with basic box

盒子展開圖

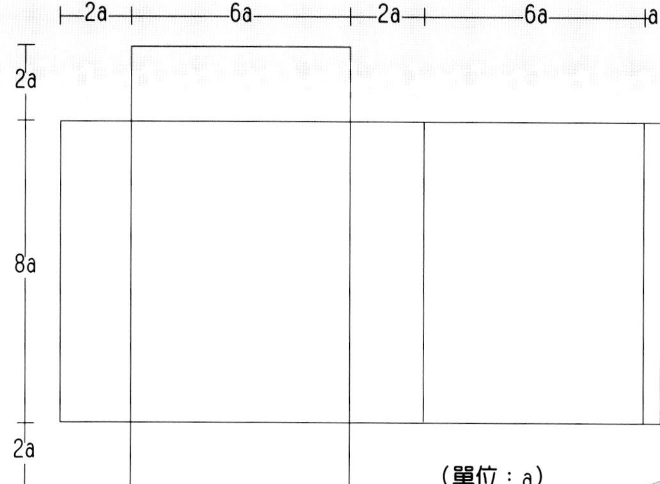

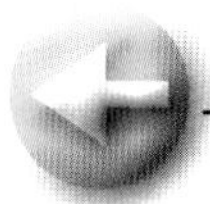

自製盒子

make the box

將禮品量身訂作一個外盒，一方面可以避免碰撞，另一方面增加禮盒的質感，為自己的誠意加分！

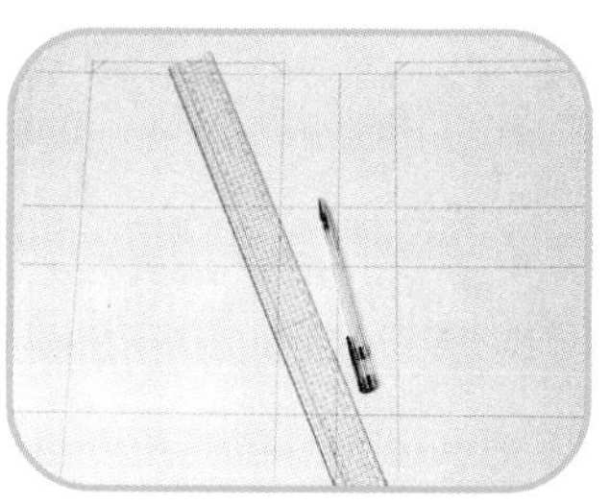

1 在卡紙上畫出紙盒的展開圖。

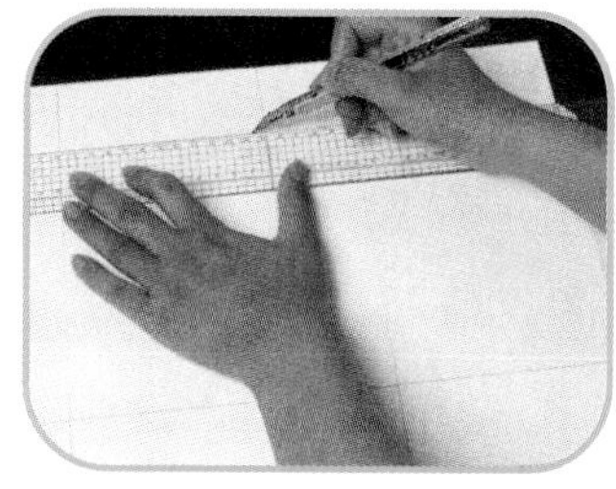

2 依其外型割下。

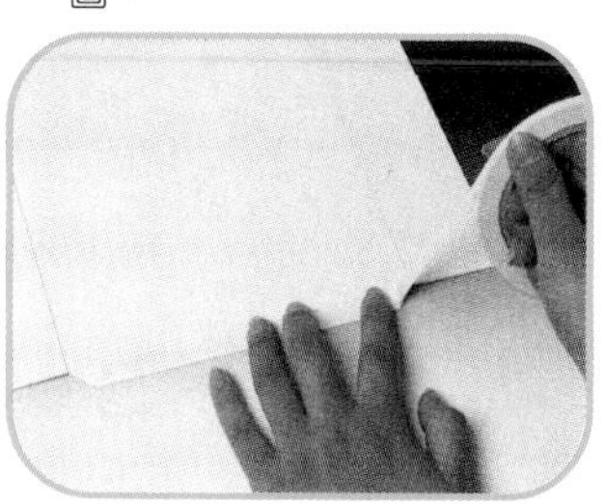

3 須黏合處用雙面膠固定。

4 摺出立體盒形。

5 開口處用雙面或透明膠帶固定即可。

基本方盒包裝1

diagonal box

這種包裝技巧是最普遍的技巧之一，其實自己動手試試看，一點都不困難喔！

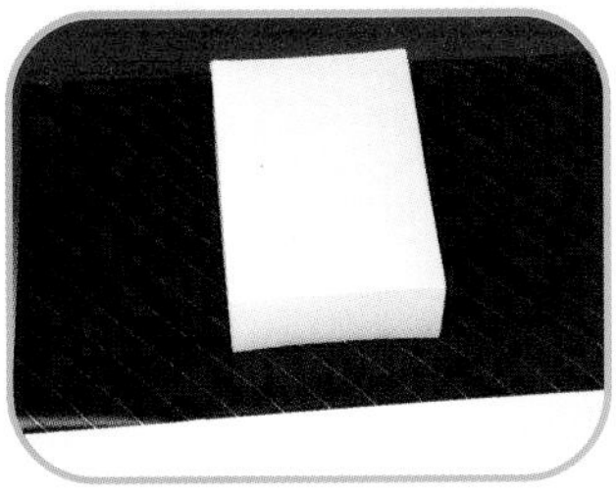

1 裁下適當大小的包裝紙。

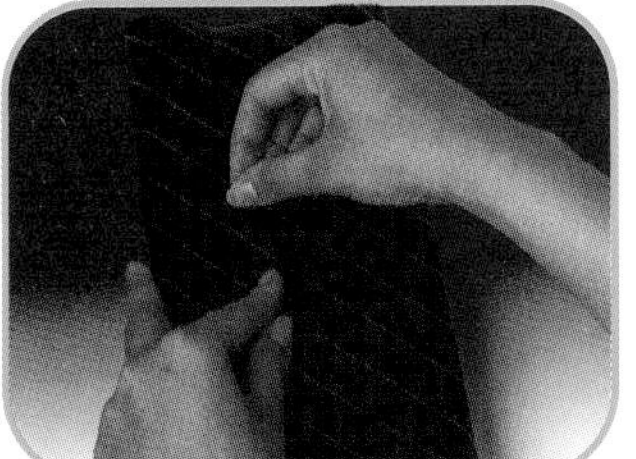

2 包裝紙環繞盒身，兩端預留重疊處。

3 先內摺左右邊，再摺上下紙面。

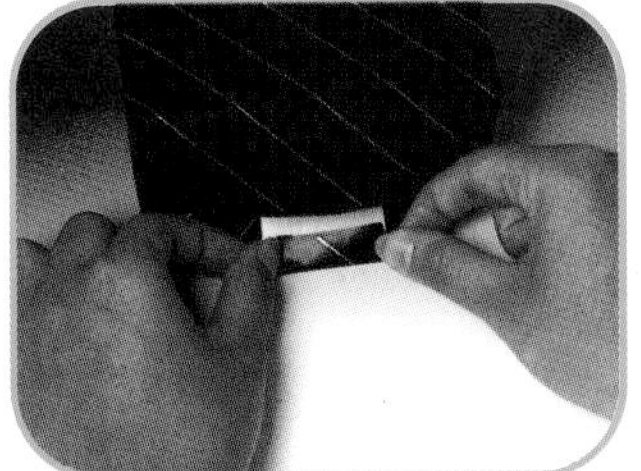

4 收口處往內摺1公分。

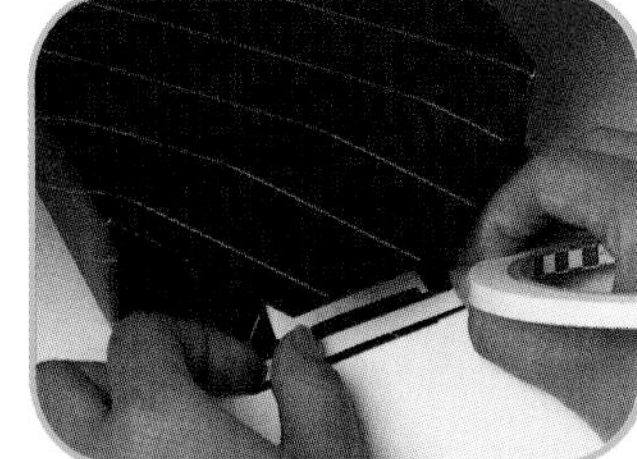

5 黏上雙面膠。

6 黏合上去即完成。

wrapping. 基本盒形包裝

基本技法一 wrap with basic box

方盒包裝

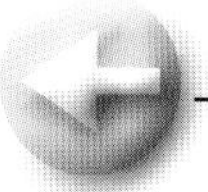

方盒包裝2–雙色包裝

diagonal box 2-double color

雙色包裝在包裝當中很常見，但是需要注意的是色彩及花紋的搭配，範例中的則是同色系的搭配法。

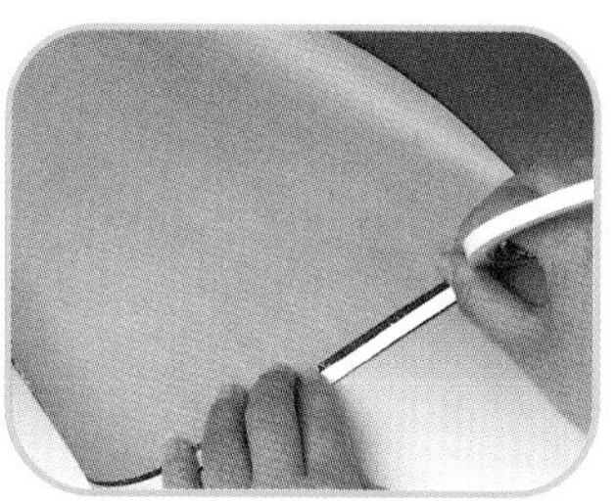

1 取一包裝紙邊緣內摺1公分後黏上雙面膠。

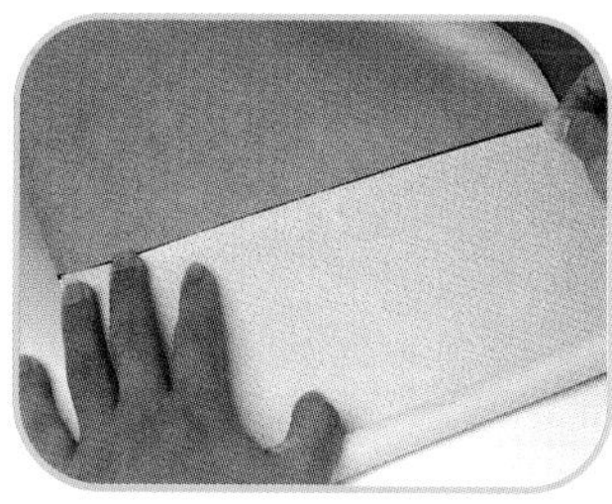

2 取另一張包裝紙黏合，翻回正面即成雙色包裝紙。

3 將所需包裝紙禮品放置於中央。

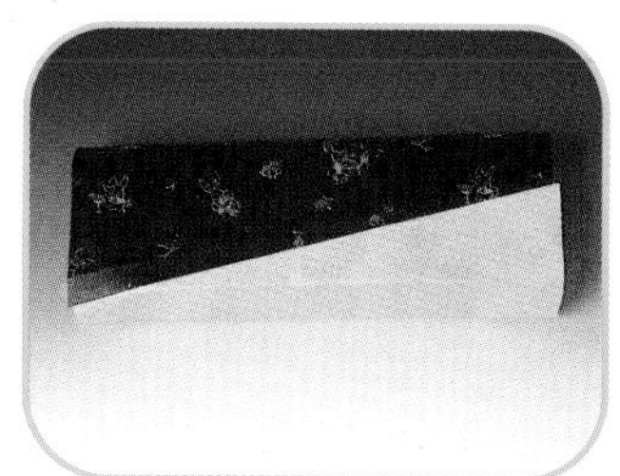

4 兩張包裝紙重疊，其中一張內摺出三角形後收尾即可。

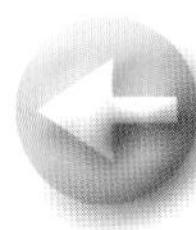

方盒包裝3－三角方盒包裝

diagonal box 3-triangular wrapping

適合素面及花紋少的包裝紙，為求變化，所以將盒面做出造形。

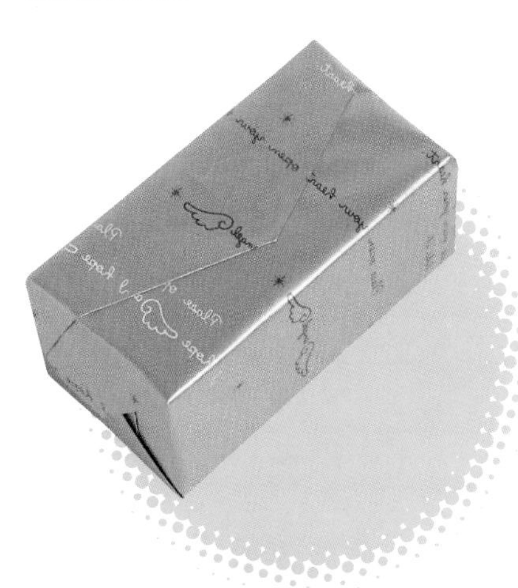

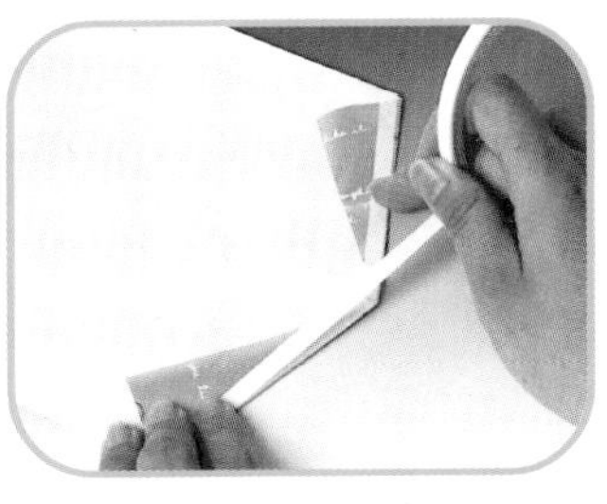

1 取一張包裝紙摺出中心點在二側往內摺為三角形。

2 在兩端三角形上黏上雙面膠。

3 兩邊接合時，三角形的一端置於上方。

4 兩側依基本方盒包裝收尾即可。

方盒包裝4

diagonal box 4

適合素面及花紋不明顯的包裝紙，在盒面上摺出摺痕，使得包裝有高級的質感。

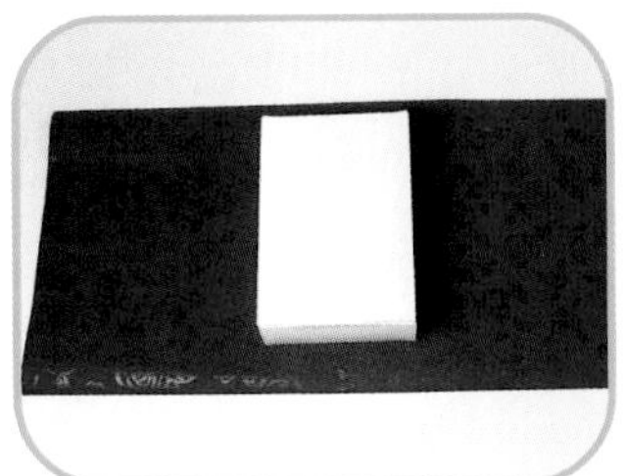

1 量出盒身所需長度，長度需多留半個盒身長。

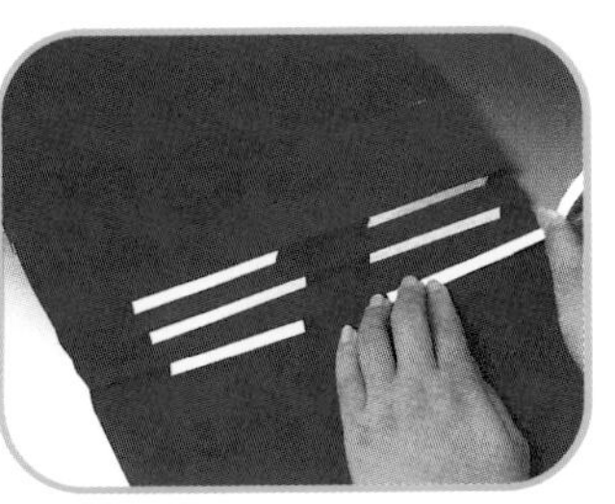

2 摺出皺摺，在皺摺處用雙面膠固定。

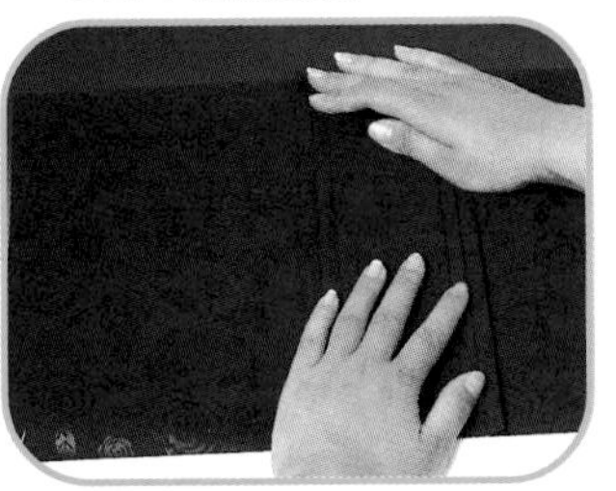

4 在中央處留出6cm寬度，皺摺處間隔1cm。

5 將皺摺置於盒面正中央，中央重疊黏合。

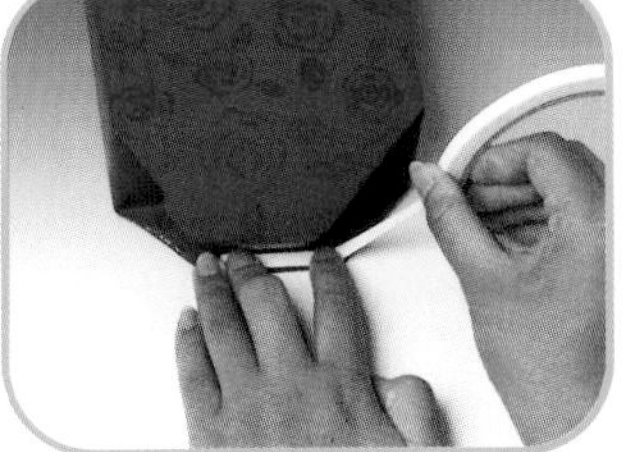

6 兩端用雙面膠黏合收尾即可。

基本技法─wrap with basic box

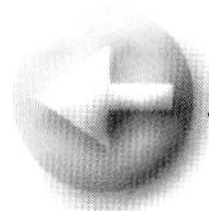

正三角形包裝

triangle box

學習完方盒包裝技巧後，我們將學習的是另一種較困難的三角形包裝，不過，多練習幾次就可以很熟練。

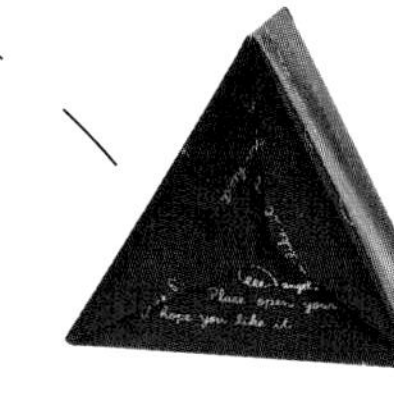

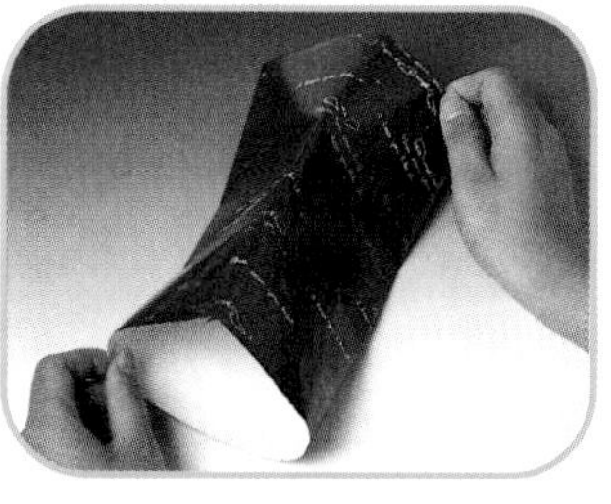

1 紙盒直立於包裝紙中央，兩端重疊黏合。

2 將三角形下面的紙向上摺。

3 將側面的紙往內摺後，約為30度角。

4 將摺好的紙固定至盒面上。

5 剩下的一面，先將多餘的紙張往內摺。

6 以中心點兩端往內摺出30度角。

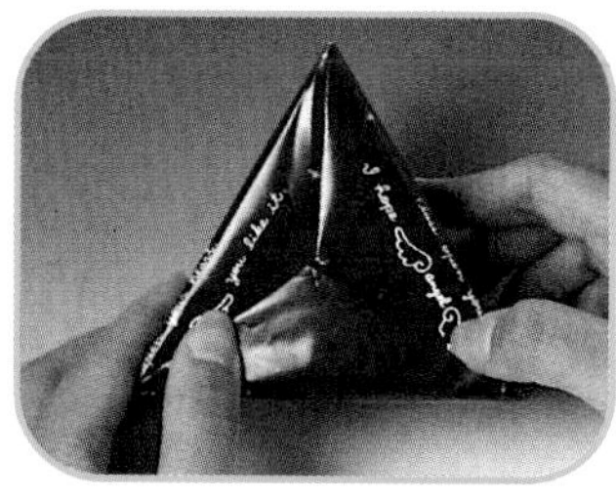

7 內部以雙面膠固定即完成。

1 將三角形中點對準包裝紙中點。

2 側邊的紙摺疊需貼緊靠著邊角。

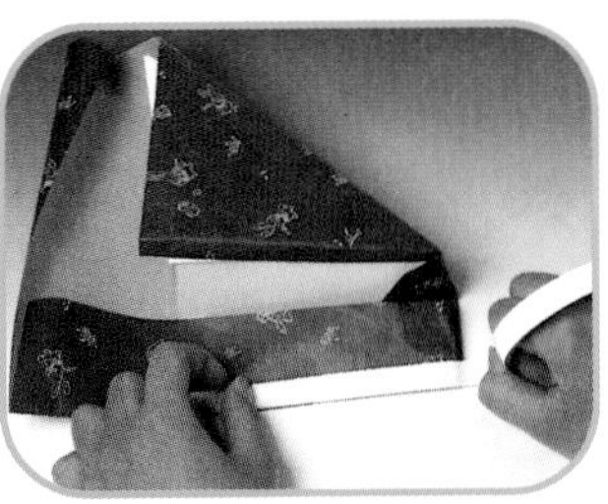

3 將所摺的紙用雙面膠固定。

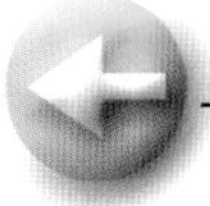

等腰三角形包裝

triangle box

包裝完正三角形後，以類似的方式來試試等腰三角形。

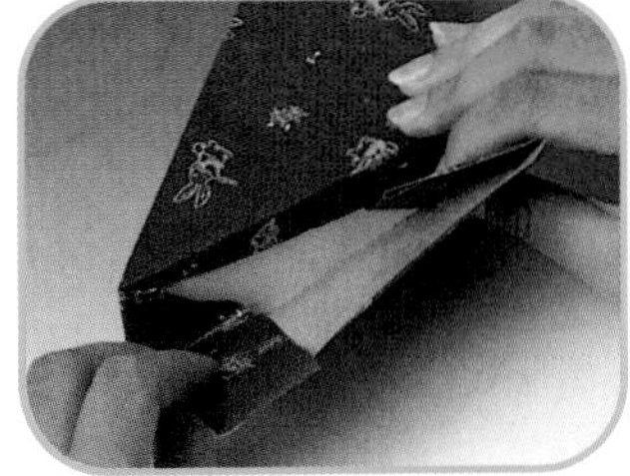

4 沿著禮盒的邊緣，將多餘的包裝紙往內摺加以固定。

basic

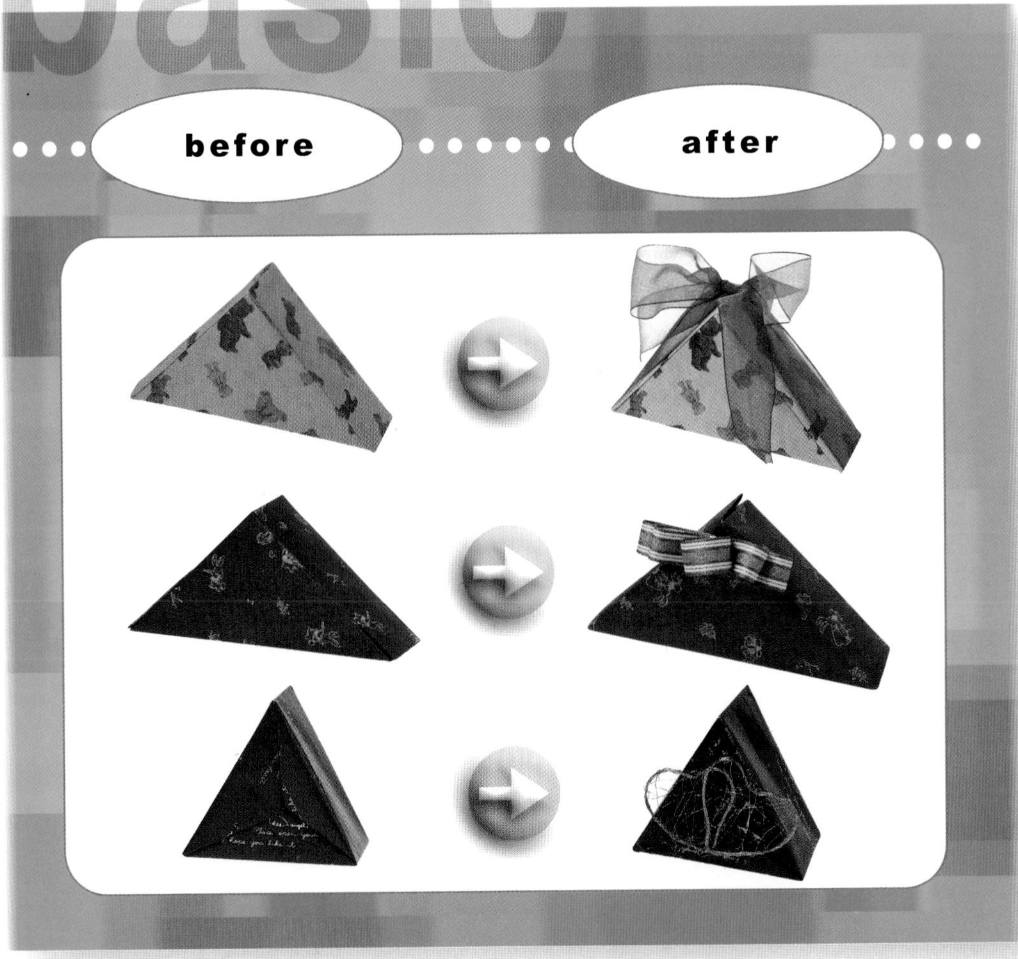

before　　after

wrapping. 基本盒形包裝

基本技法－wrap with basic box

圓形包裝

cylindrical box

這是滿具有困難度的技巧，需注意摺紋間的距離及最後收尾處。

1 將包裝紙兩端重疊，在圓盒面找固定點收摺。

2 收摺時需注意距離大小，完成後用貼紙固定。

正方體包裝

cubical box

正方體形的包裝也是非常常見的，自己動手試試看吧！

1 將包裝紙下方的角往上摺到盒面中央。

2 將右邊的紙往內摺沿著盒邊緣摺合。

3 將上面的紙將左右兩邊的包裝內摺。

wrapping．緞帶綁法

基本技法一 satin ribbon

參考P.54

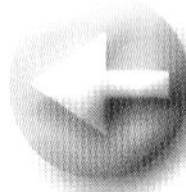

十字型

cross style

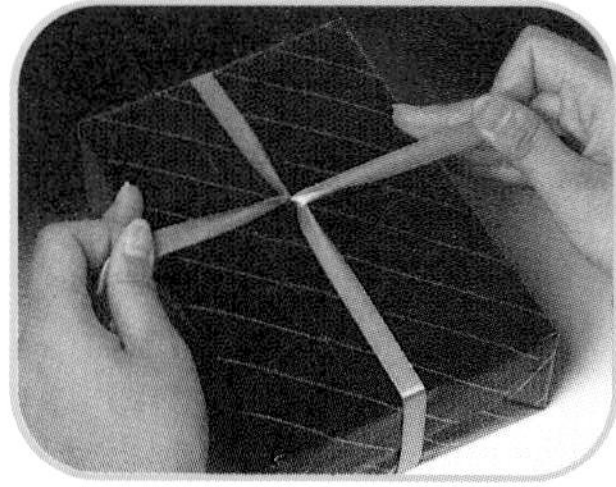

1 在盒子中央位置做出十字狀。

2 將短頭的緞帶穿過十字，打結即可。

範例

basic

十字型的三種變化

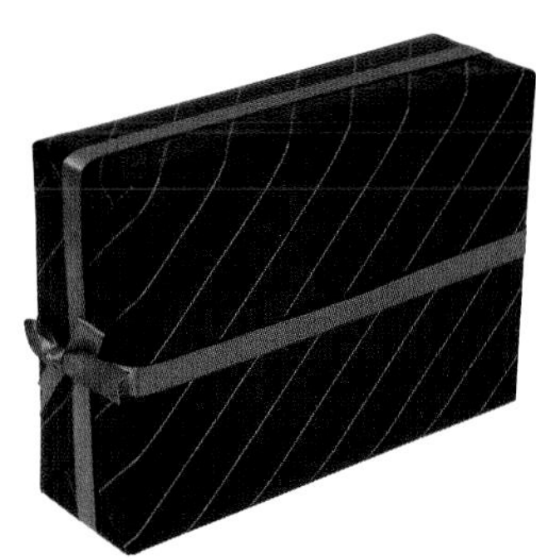

V字型

v style

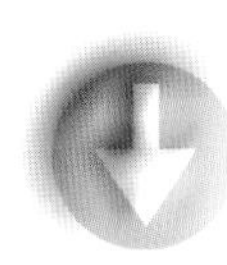

範例

參考P.73

1 在其中一頭中央拉住緞帶，另一頭做出傾斜。

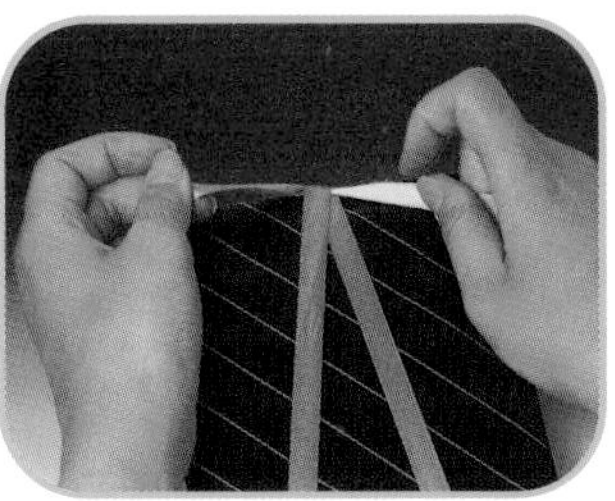

2 在盒頂打個蝴蝶結即可。

S字型

s style

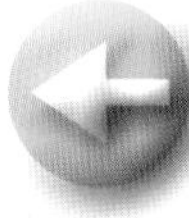

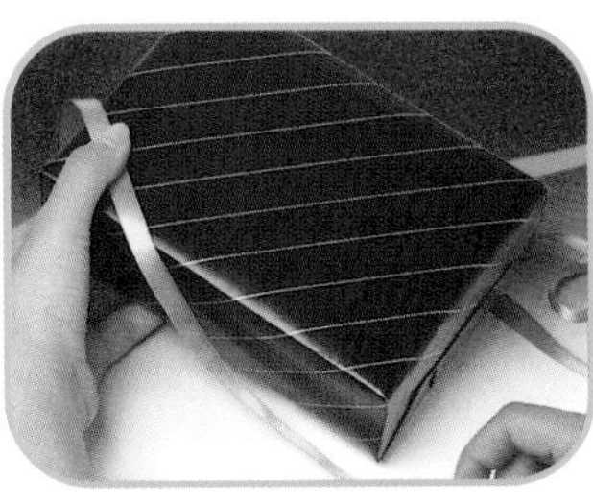

1 用手固定緞帶中央在盒子其中一角。

2 在對角處打個結後即可。

wrapping. 緞帶綁法
基本技法一 satin ribbon

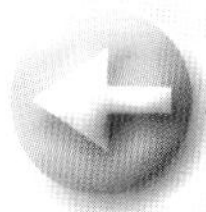

菱型 rhombus style

1 依S形的做法先做出兩個斜向緞帶。

2 最後繞成平行直線，打個結即完成。

Z字型 z style

1 依S形的做法先做出對角線斜向緞帶。

2 再將另一對角線做出再打結即可。

範例

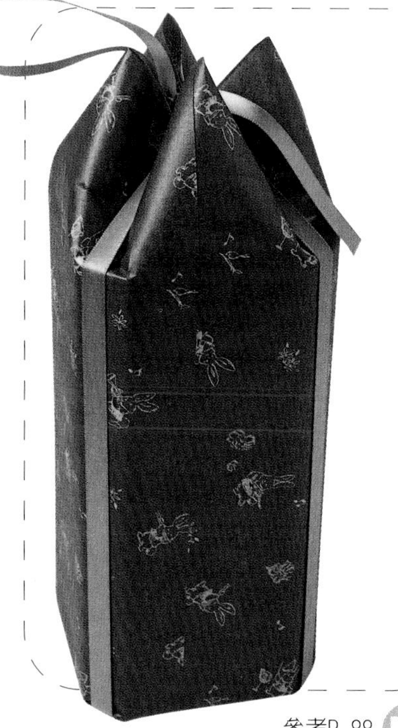

參考P.88

三角型

triangle style

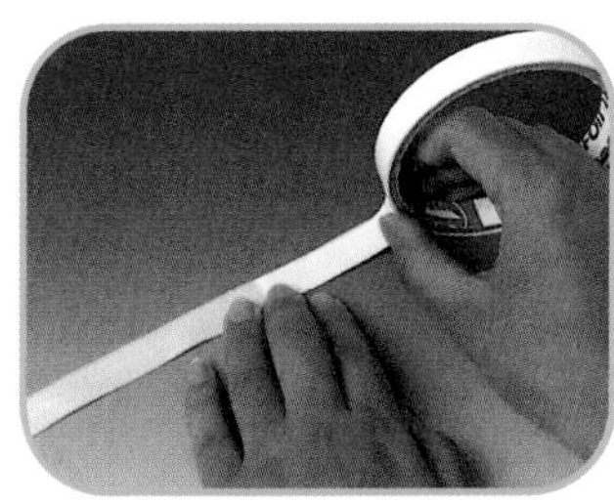

1 在緞帶背後黏上雙面膠。

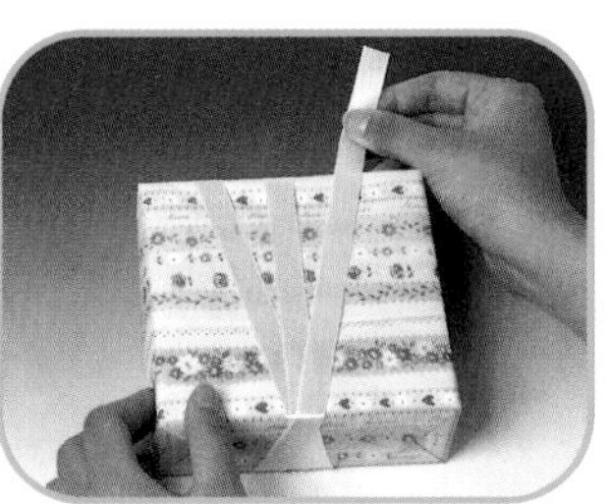

2 依所需圖形固定至盒面上。

交叉型

intersection style

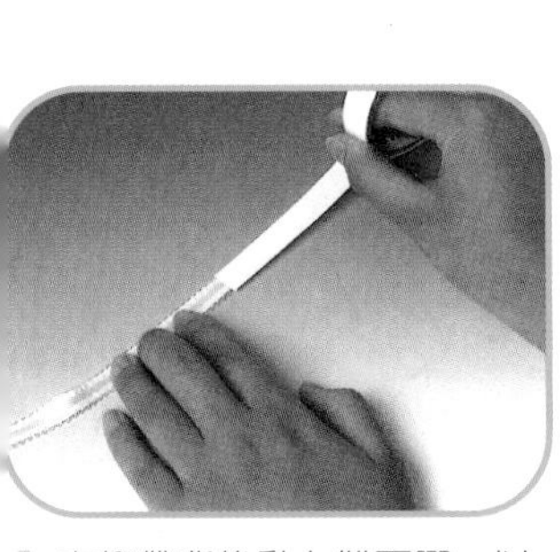

1 在緞帶背後黏上雙面膠，以便固定。

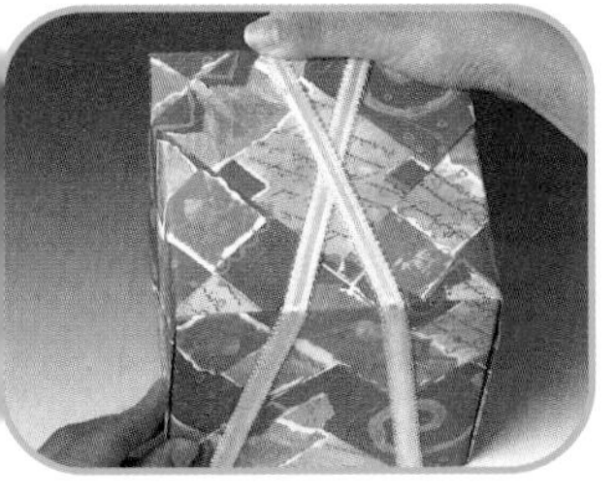

2 將兩條緞帶交叉固定。

3 在交叉處黏上緞帶花即可。

範例

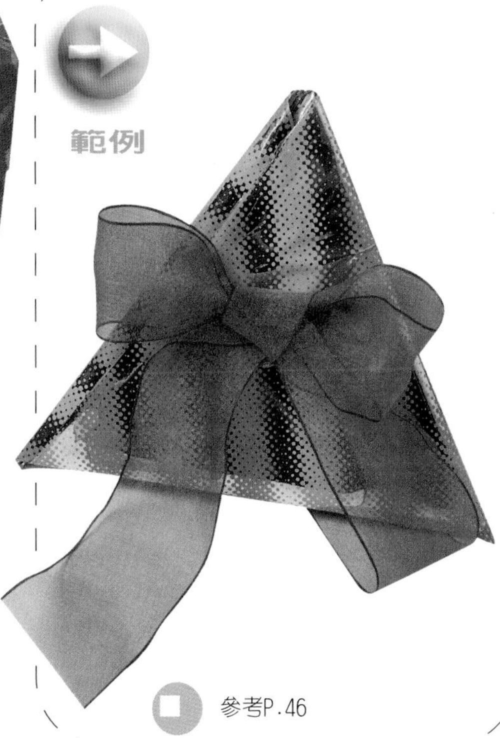

參考P.46

wrapping 緞帶綁法

基本技法－satin ribbon

變化型

changes style

單純的緞帶可為禮物加分，斜向緞帶可以用雙面膠在背後固定。

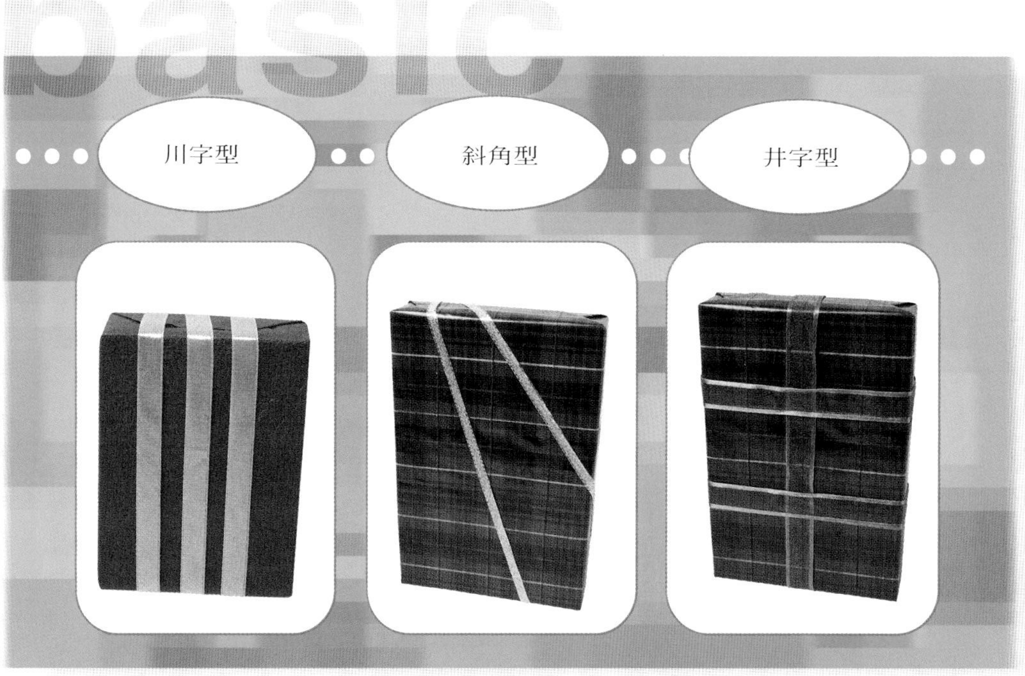

範例

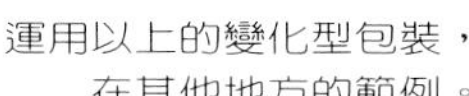

運用以上的變化型包裝，
在其他地方的範例。

參考P.105

範例

一字型的包裝，適合用在包裝手提袋，簡潔俐落。

參考P.103

wrapping. 不規則禮品包裝

基本技法－wrap with irregular box

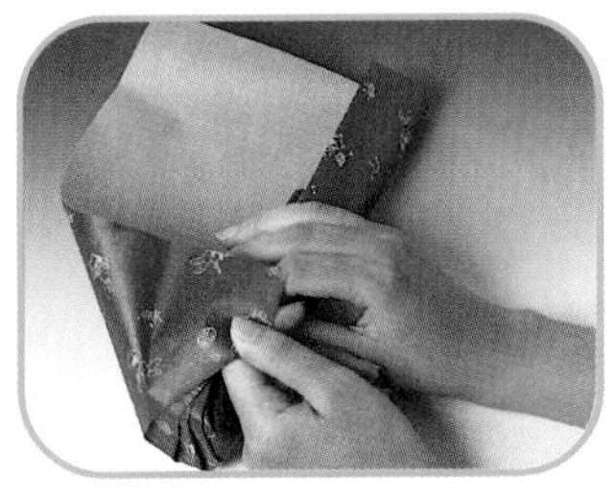

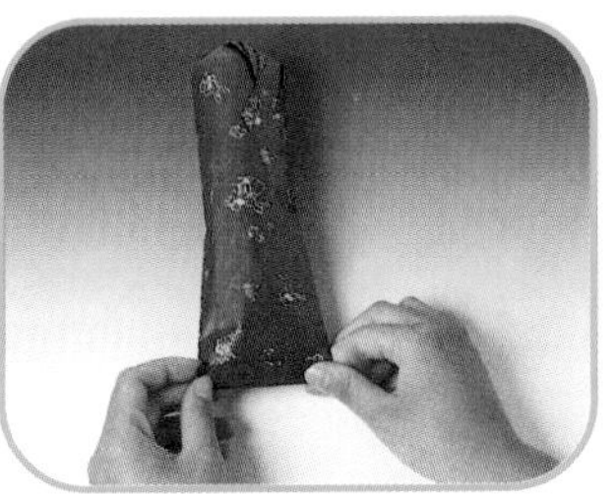

1 將酒瓶用包裝紙包裹起來。

2 底邊處用包圓盒的方式收摺。(參考p.31)

3 另一頭反摺二次後黏合。

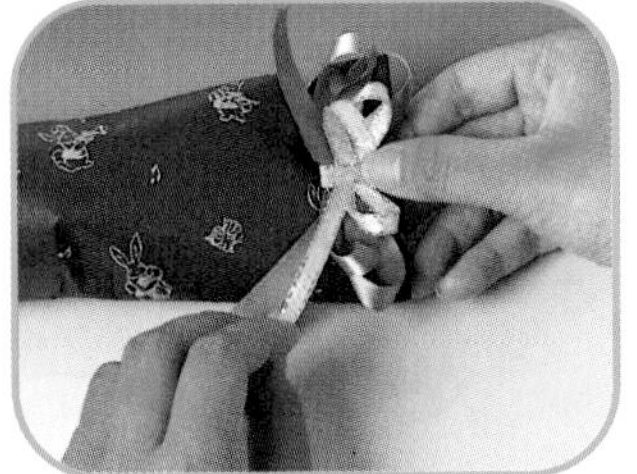

4 黏上緞帶固定。

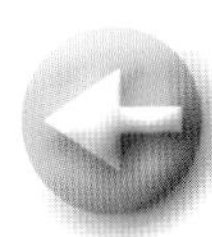

酒瓶包裝
bottle

絲巾包裝
silk scarf

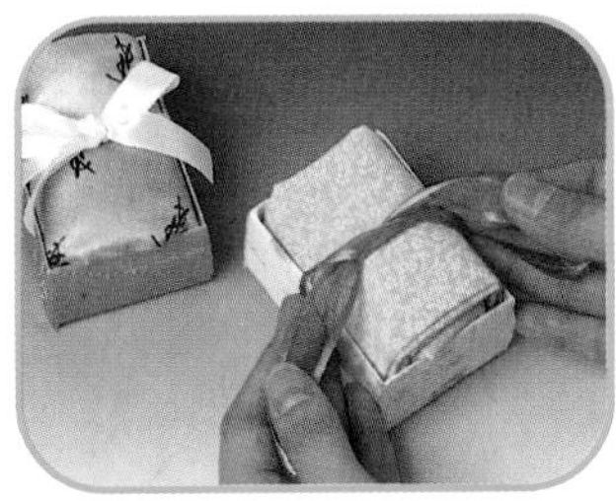

1 取一幻燈片盒子黏上包裝紙。

2 將絲巾摺至可放入盒內大小。

3 用緞帶在中央打蝴蝶結即可。

wrapping. 不規則禮品包裝

基本技法— wrap with irregular box

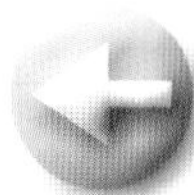

糖果包裝
candy

1 將三角錐物品放入包裝紙內包裹，將缺口切齊。

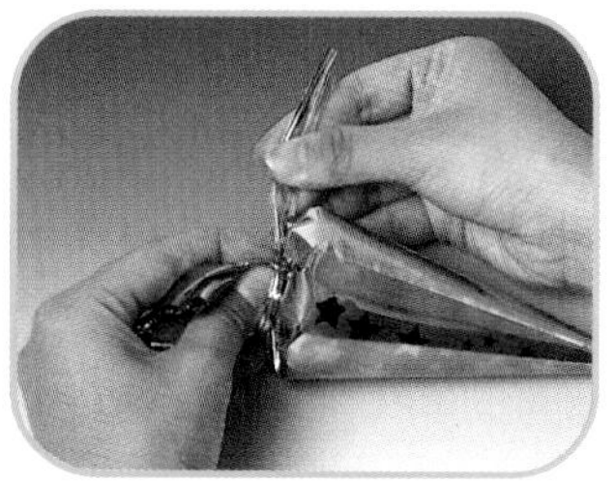

2 用束口帶固定袋口。

長圓筒形包裝
cylindrical box

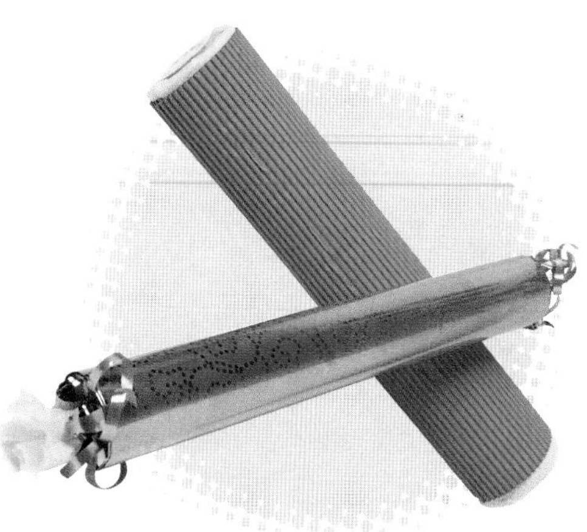

1 拿皺紋紙兩端重疊捲筒。

2 以中心點為

端。

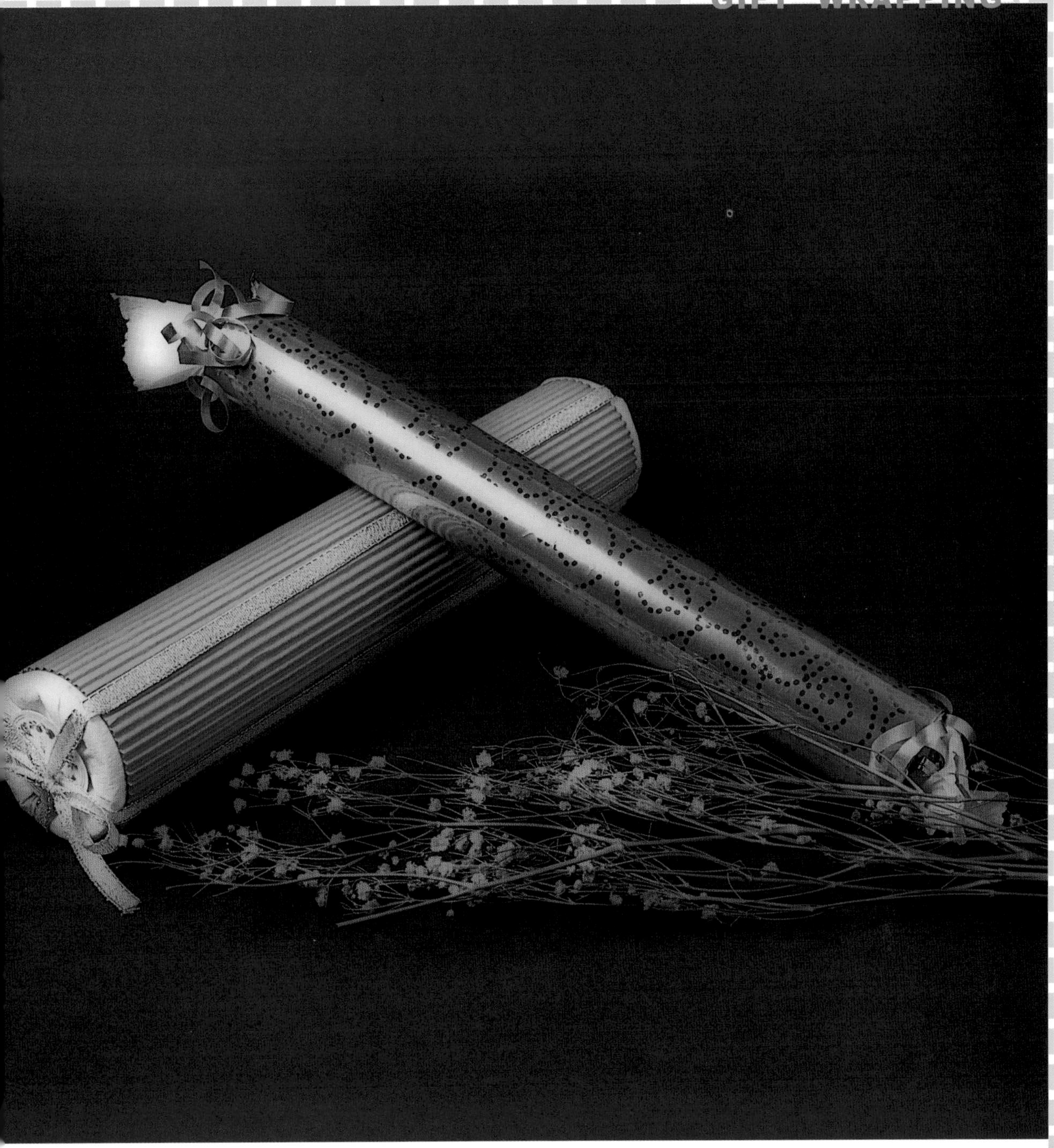

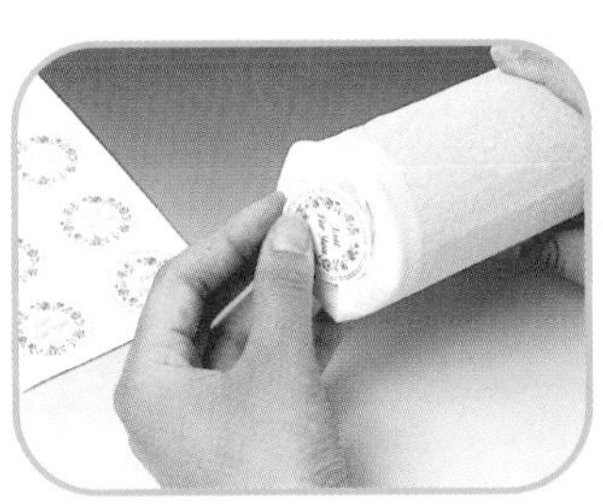

3 用貼紙固定兩端。

4 裁下瓦楞紙，露出兩端。

5 用緞帶十字綁法固定。

wrapping. 不規則禮品包裝

基本技法 wrap with irregular box

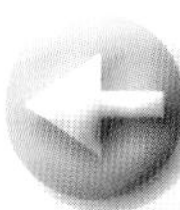

粉彩瓶包裝
bottle

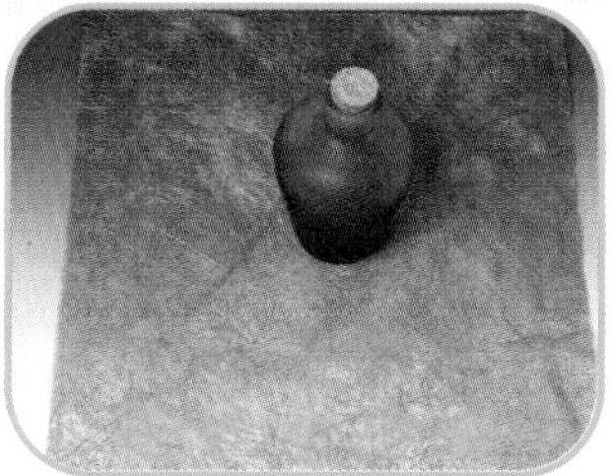

1 裁下一張正方形不織布包裝紙。

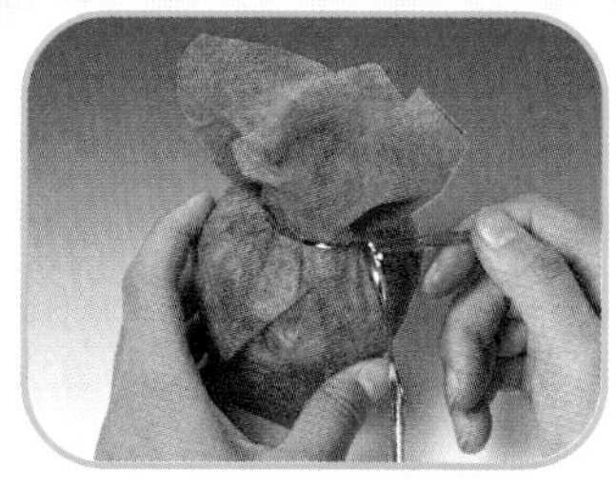

2 將粉彩瓶包裹起來用束口帶固定。

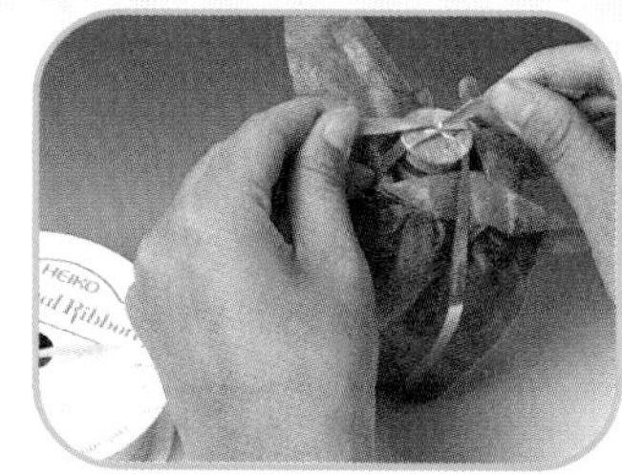

3 用緞帶十字交錯固定瓶子。

basic

before

after

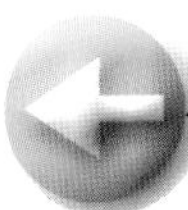

襯衫摺法

shirt

1 裁下一張長方形包裝紙，寬的一端往內摺約五公分。

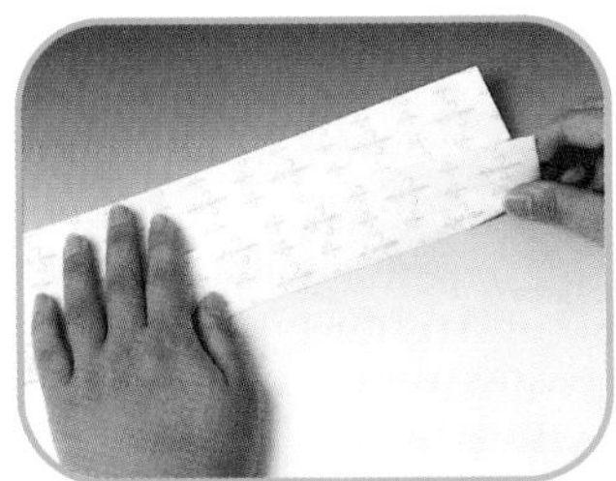

2 兩端朝著中線往內摺合。

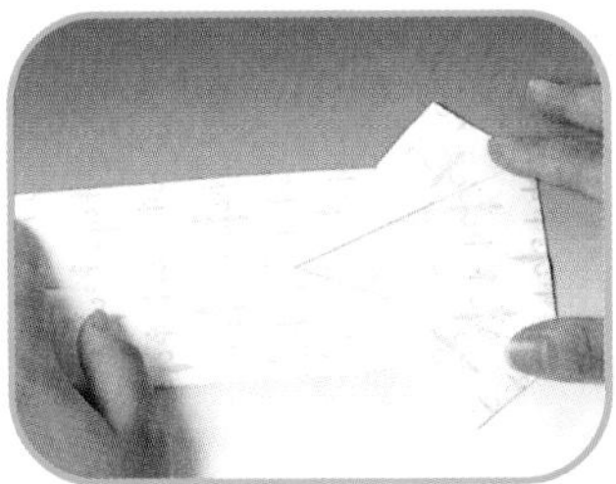

3 將兩側往外斜摺成60度角當成袖子。

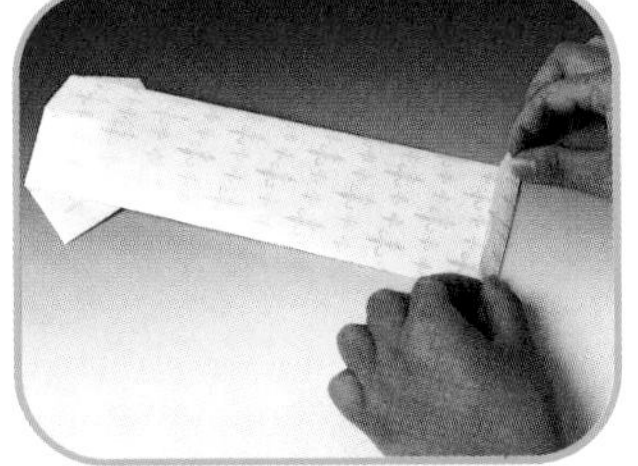

4 再翻往背面，另一端往內摺約2公分。

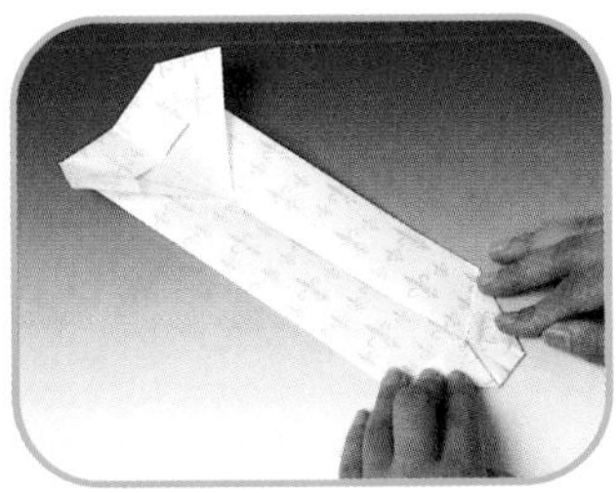

5 再翻至正面，對齊中線將領子部分反摺。

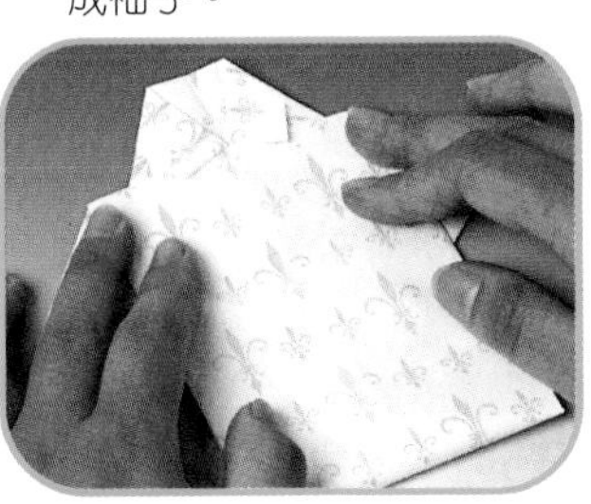

6 將衣服反折夾進領子下方。

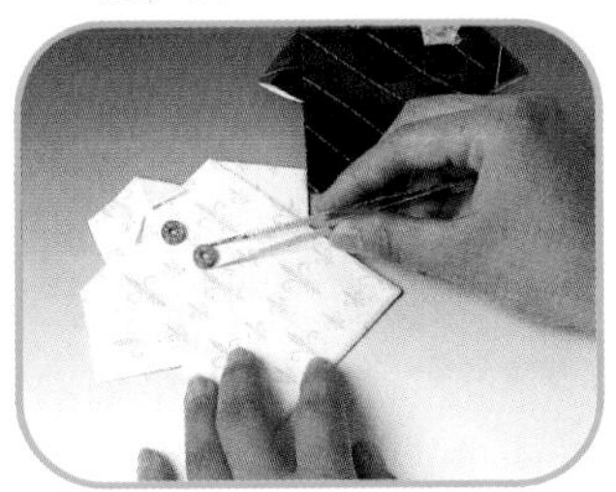

7 7拿二顆扣子黏至衣服。

基本技法一 wrap with irregular box

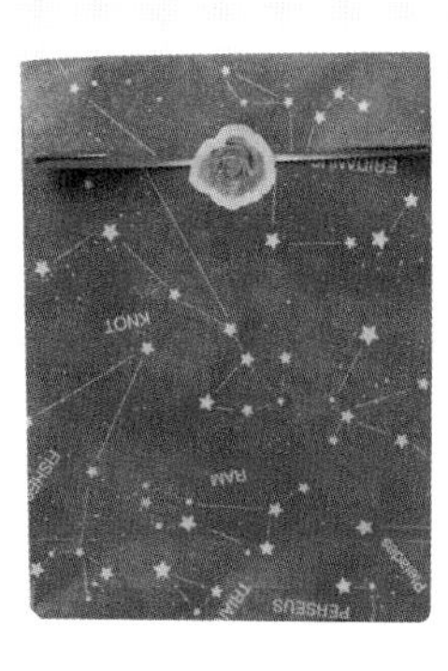

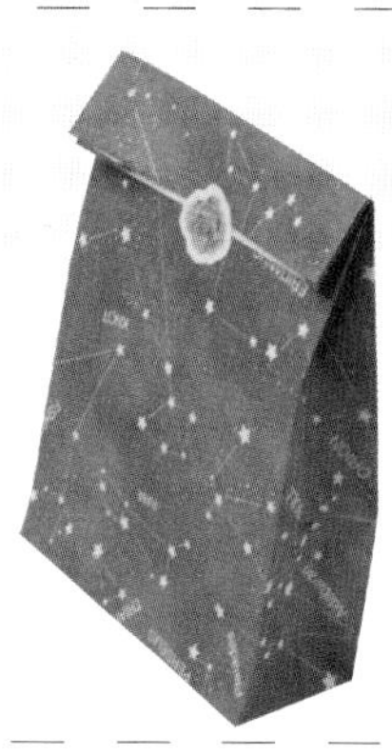

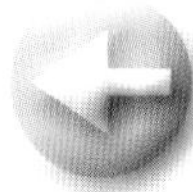

紙袋包裝

paper bag

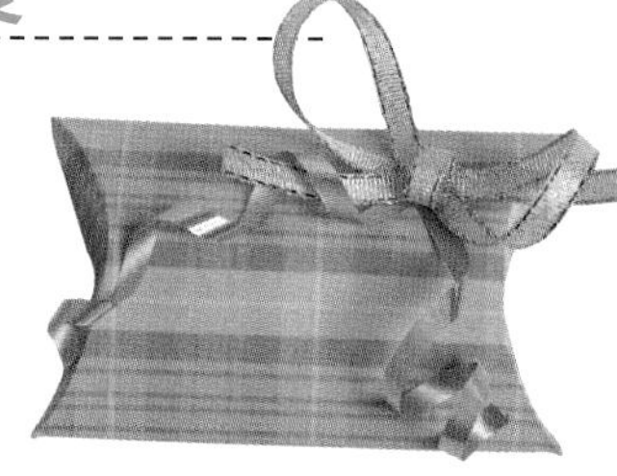

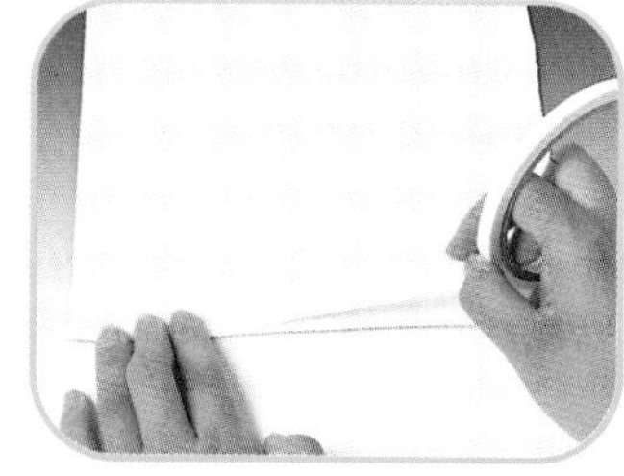

1 將其中一邊黏上雙面膠。

2 將左右邊黏合。

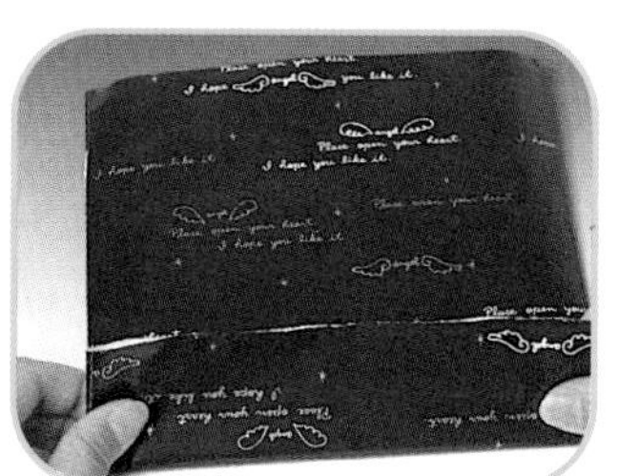

3 將底部反摺約五公分。

4 依反摺線攤開兩邊，摺出三角形。

5 將其中一邊黏上雙面膠，黏合底邊。

6 摺出紙袋厚度。

7 攤開袋子，依摺線摺出立體感。

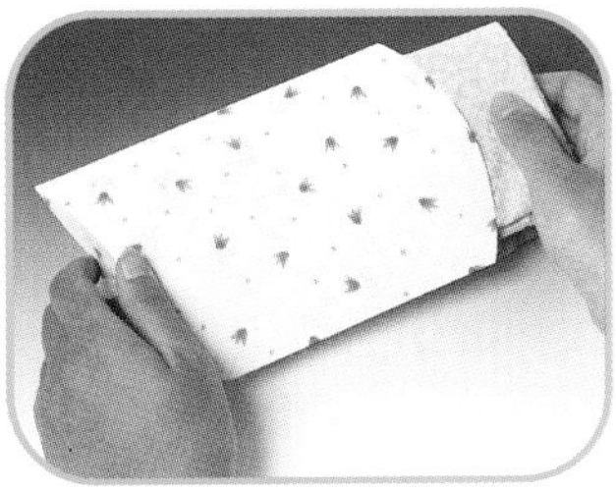

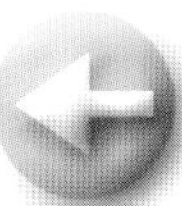

現成糖果袋包裝

candy paper bag

1 拿現成硬盒撐起立體，放入禮物。

2 做出緞帶花。

3 黏上緞帶花即可。

wrapping. 不規則禮品包裝

基本技法－wrap with irregular box

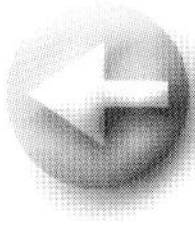

三角形紙袋
triangle bag

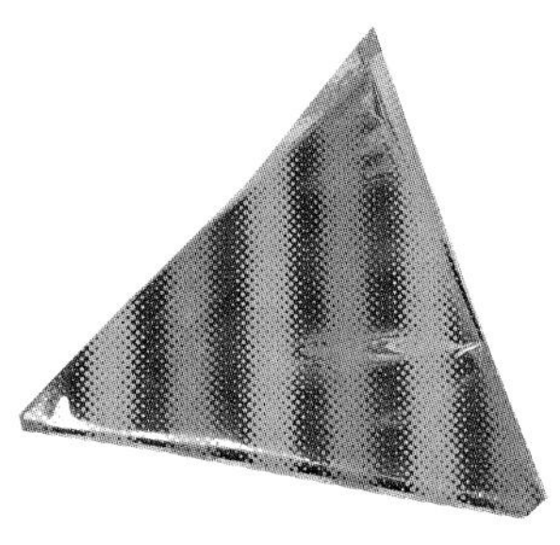

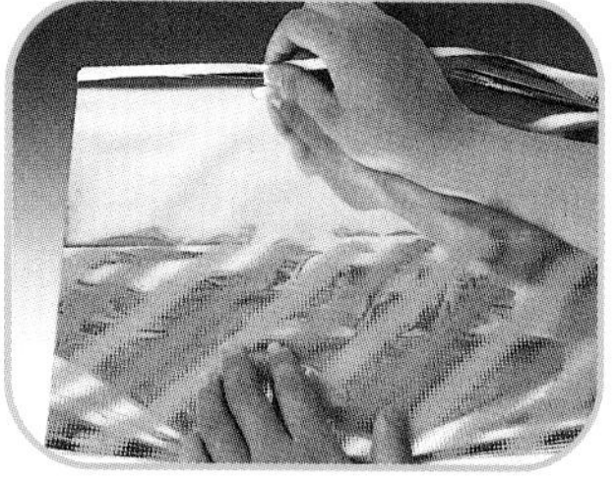

1 將包裝紙分成三等份。

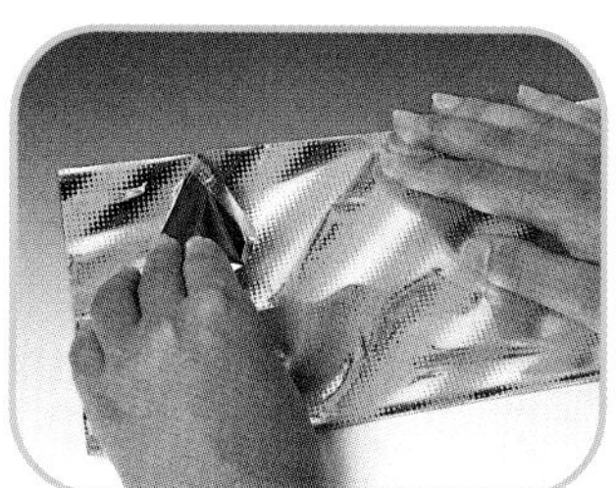

2 用雙面膠固定包裝紙。

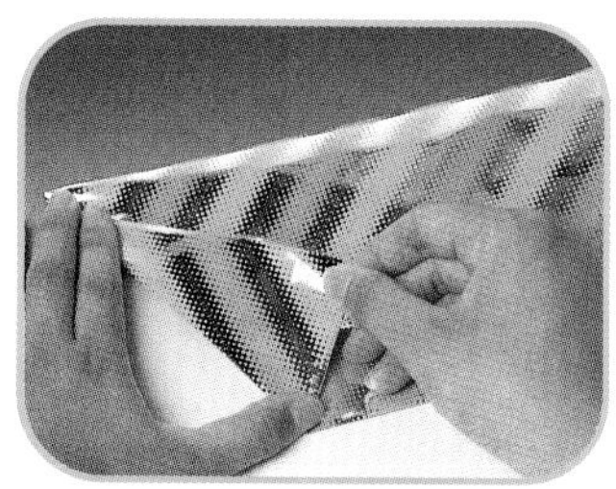

3 將包裝紙一端摺成60度角。

4 依其摺線摺出三角形。

5 連續反覆摺出三角形，使其有厚度。

6 最後剩下的包裝紙，如圖摺成三角形收尾。

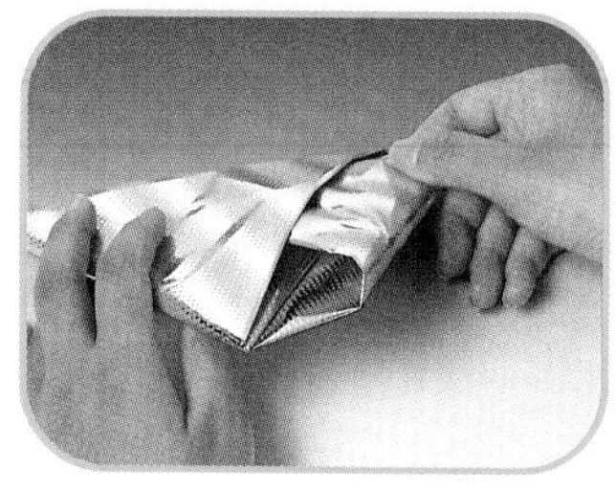

7 放入禮物，將末端插入袋中，即可。

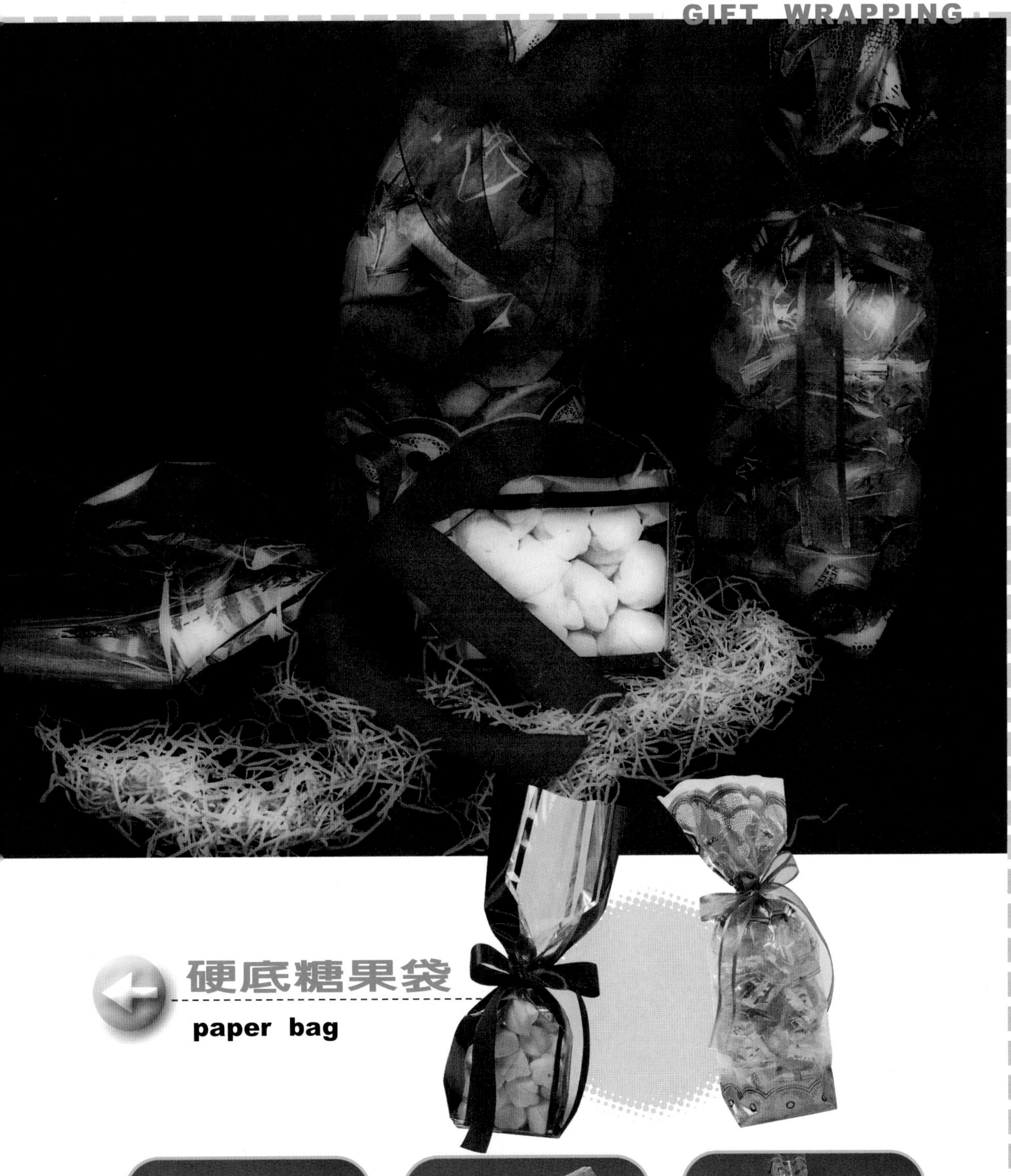

硬底糖果袋

paper bag

1 將硬底糖果袋攤開。

2 將糖果裝進去。（放置時須注意顏色排列）

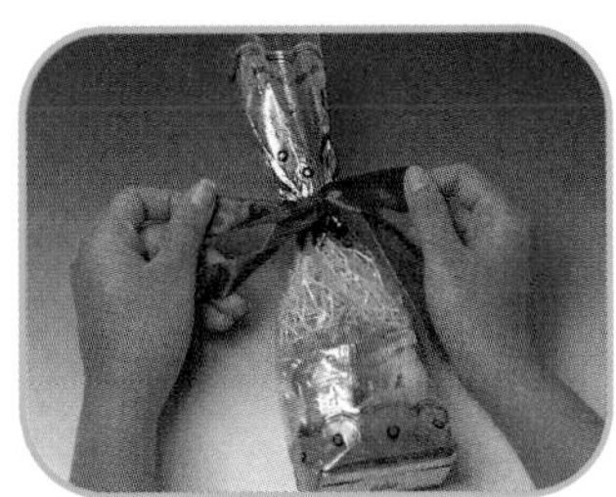

3 束緊袋口，綁上蝴蝶結即完成。

wrapping gift 節慶包裝

do it yourself @2001

02

wrapping 節慶包裝 裝飾小物品 decoration

裝飾用小配件

禮品包裝當中，除了禮盒及緞帶之外，也可以找些現成的物件裝飾或自己動手做出搭配的禮盒、緞帶的小配件，你的心意都會表現在禮品上。

漆包線

enameled wire

材料：漆包線、包裝紙

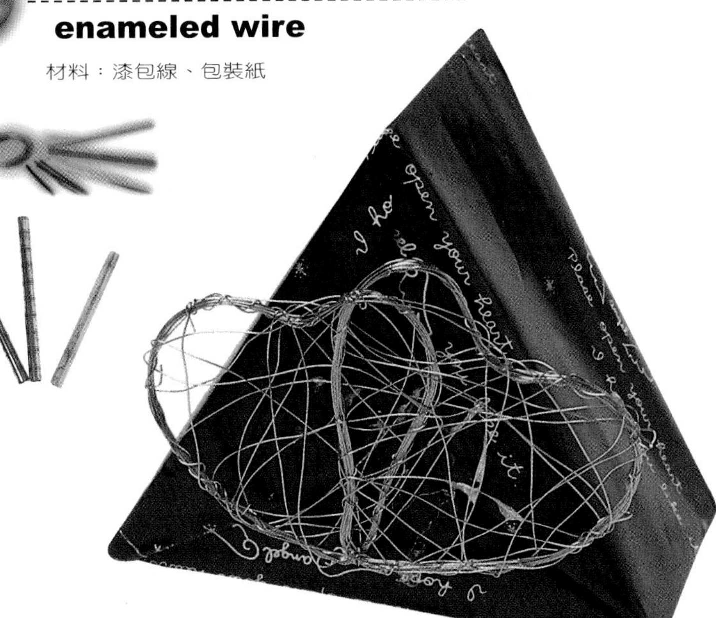

1 用漆包線多纏繞幾圈，組成大概輪廓。

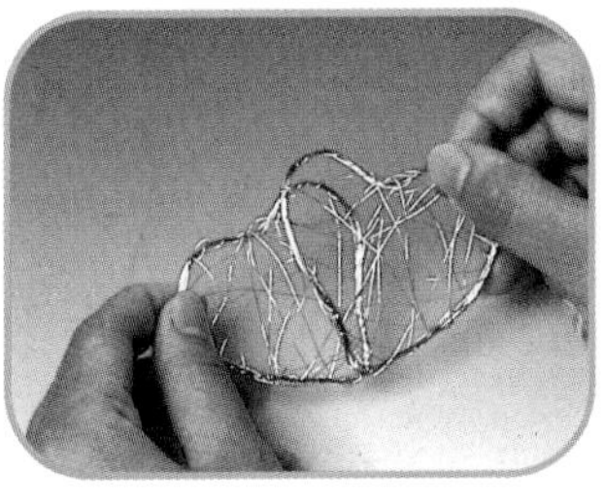

2 在大輪廓中纏繞交錯數條漆包線完成。

電腦列印

print

材料：電腦用紙
雙色卡紙

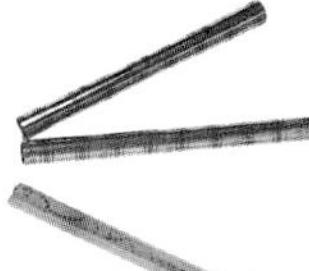

1 用電腦列印出所需圖形。

2 將所需圖形剪下貼至較硬的有色卡紙上。

3 用打洞機打洞後，穿繩子即可懸掛。

wrapping 裝飾小物品

節慶包裝─decoration

棒棒糖

candy bar

材料：糖果、紗網、緞帶

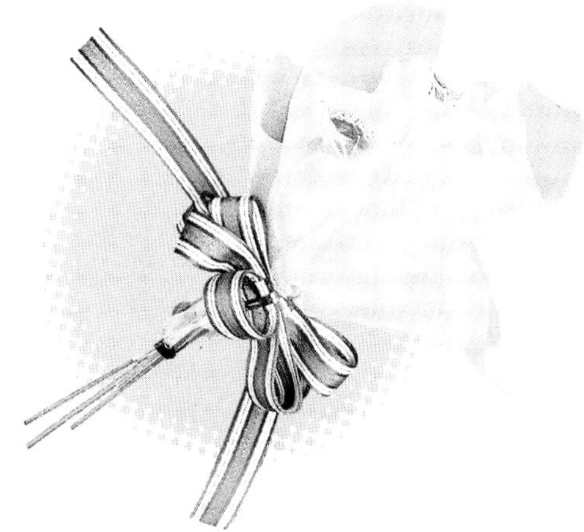

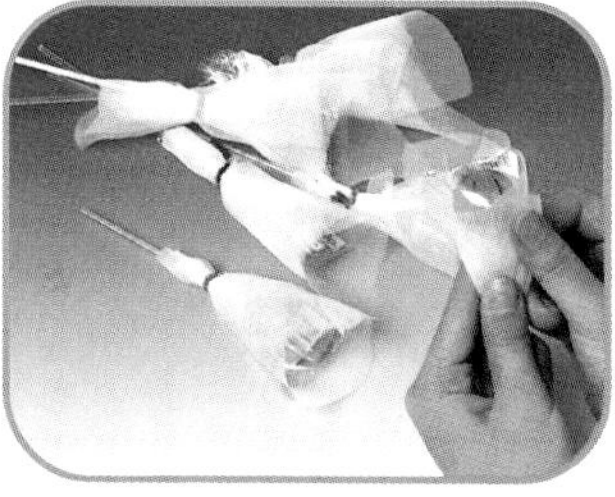

1 用紗網將棒棒糖各別包裝如上圖所示。

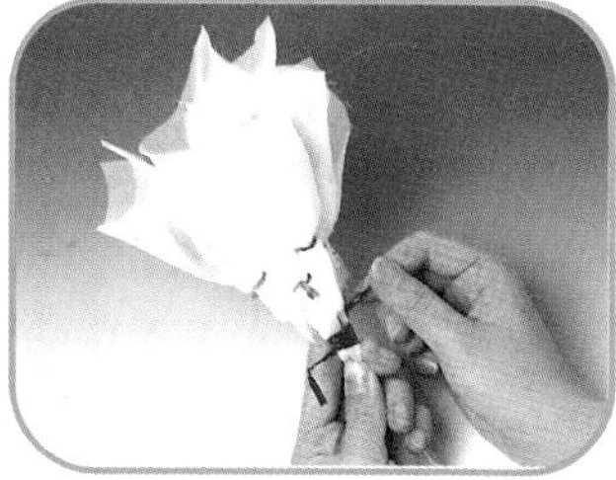

2 將包裝好的棒棒糖集合成一束固定。

3 綁上緞帶後完成。

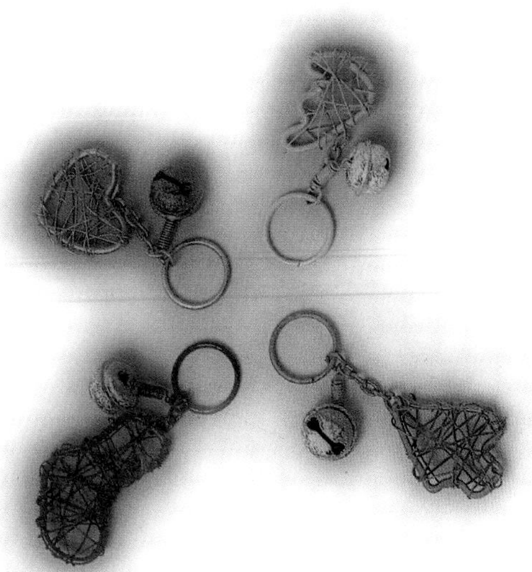

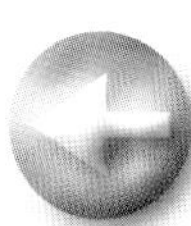

銅線裝飾

copper wire

材料：銅線、噴漆、鈴噹。

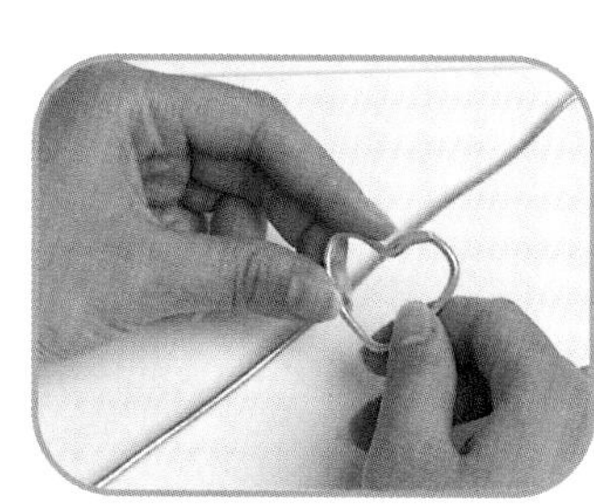

1 取一鋁線彎出所需圖形。

羽毛

feather

材料：緞帶、羽毛、包裝紙

1 取一與紙袋同色系的緞帶做出緞帶花。

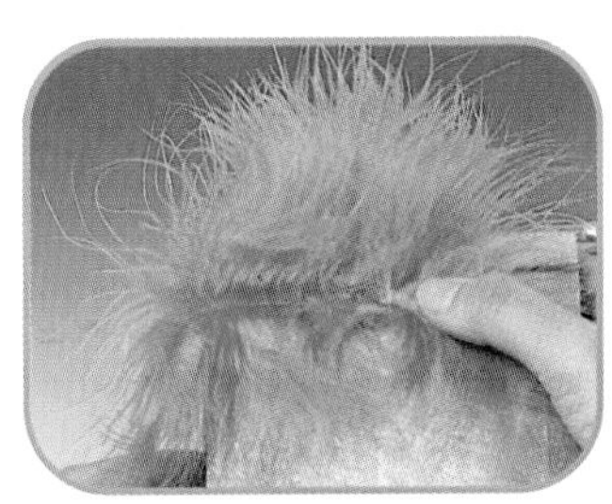

2 取3～4根羽毛依圖形黏至紙袋。

3 將緞帶花組合至羽毛上即完成。

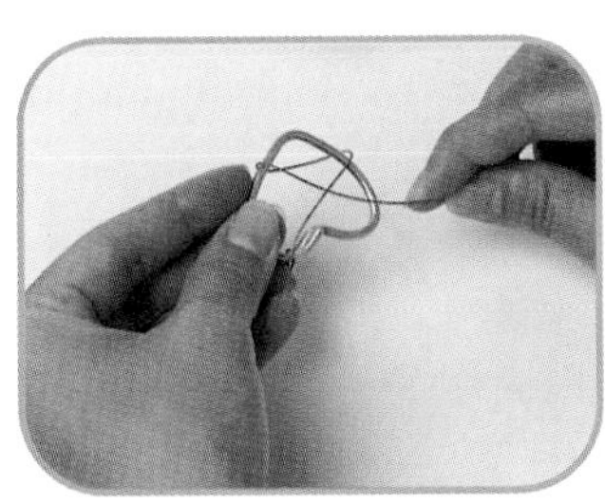

2 用細鐵絲纏繞圖形內部，使其交錯。

3 固定上鑰匙圈，噴上金色噴漆。

4 固定上鈴噹。

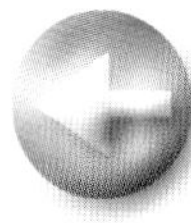

亮彩裝飾小卡

bright color

材料：包裝紙、雙色卡紙

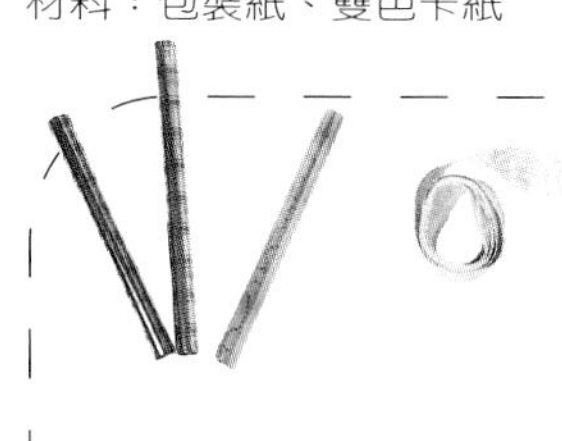

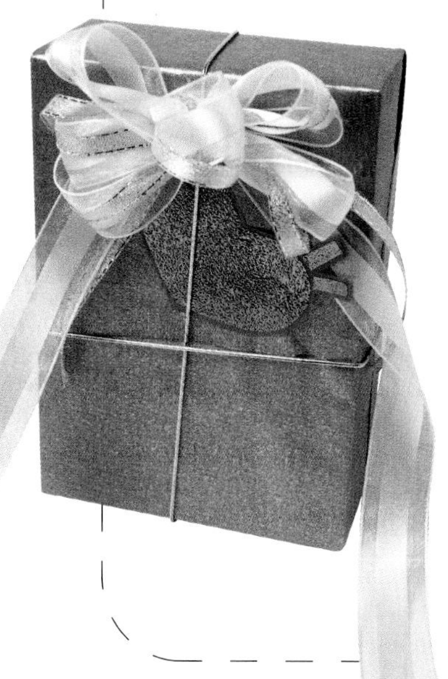

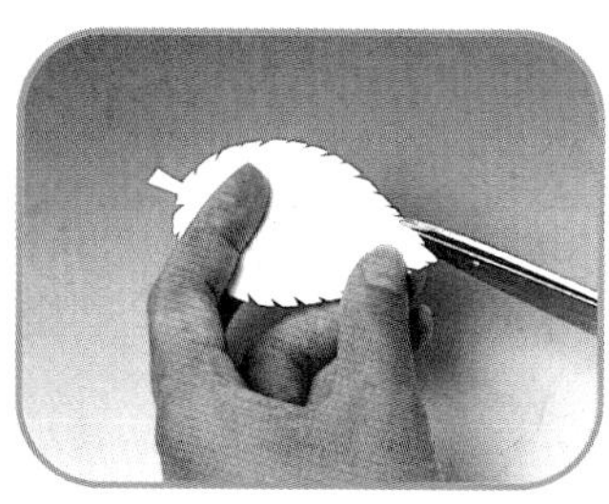

1 把剩餘的包裝紙背黏滿雙面膠，剪出所需外形。

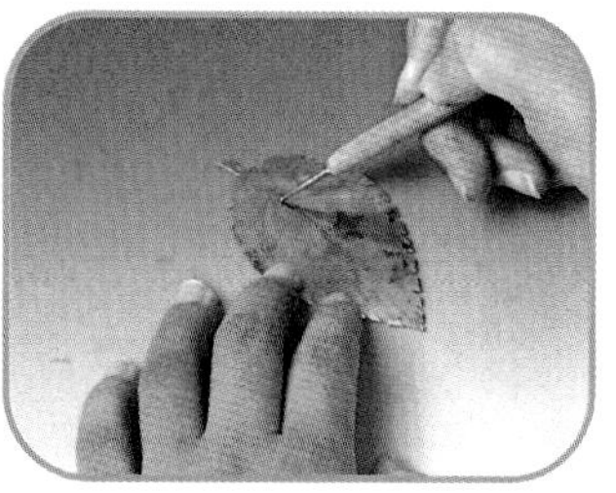

2 用壓線筆畫出葉脈。

3 撕下雙面膠貼至素面紙上。

4 依其外形留出0.5公分剪出即可。

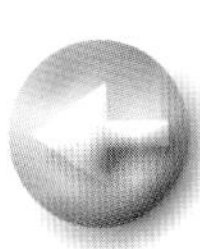

鋁箔紙

aluminum foil paper

材料：保麗龍、鋁箔紙

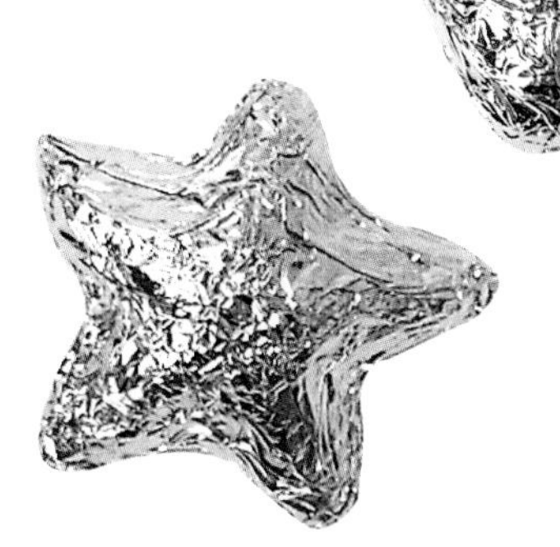

1 將盒子用基本包法包裝起來。

2 把心形保麗龍包進鋁箔紙中。

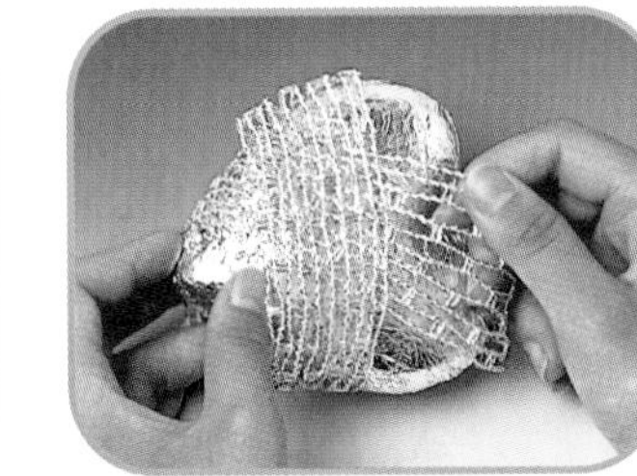

3 用紗網交叉裝飾保麗龍。

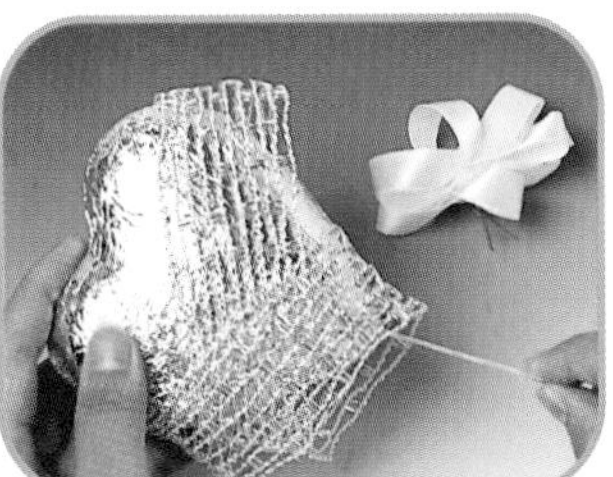

4 插入鐵絲支撐保麗龍。

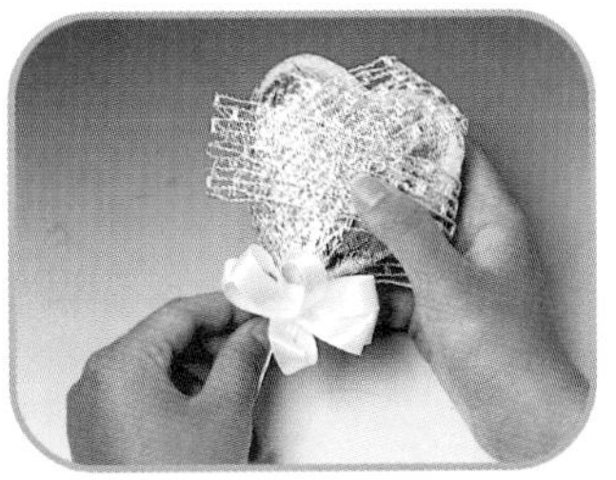

5 用緞帶花遮住鐵絲。

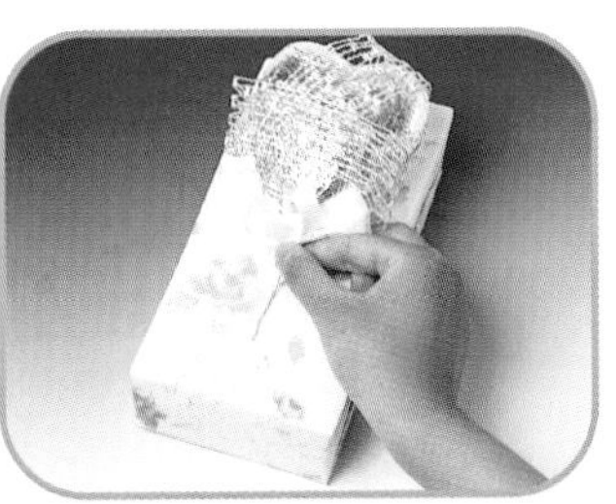

6 將物件組合在盒子上。

7 綁上緞帶，即完成。

wrapping 新年
節慶包裝－happy new year

HAPPY New Year

又過了一年，新的一年又到了，回首一年來的點點滴滴，都是屬於個人的珍貴回憶。

新年給人熱鬧滾滾的感覺，用鞭炮來裝飾禮盒，眞是再適合不過。

材料：包裝紙、緞帶。

1 取一包裝紙找出中心點，摺出三角形。

2 包裝紙另一邊必須完全蓋住所包的禮物。

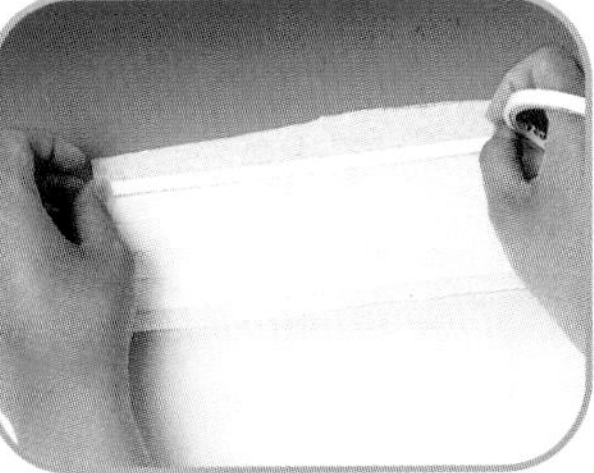

3 取一皺紋紙上下反覆摺，摺紋寬度約1公分。

4 在背後黏上透明膠帶固定摺痕。

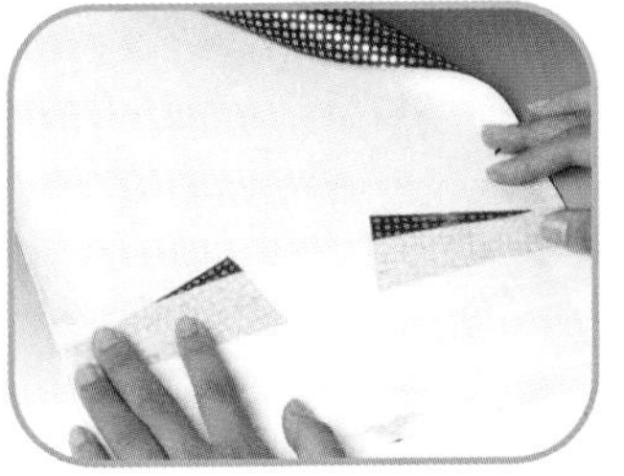

5 將摺紋黏至三角形的下方。

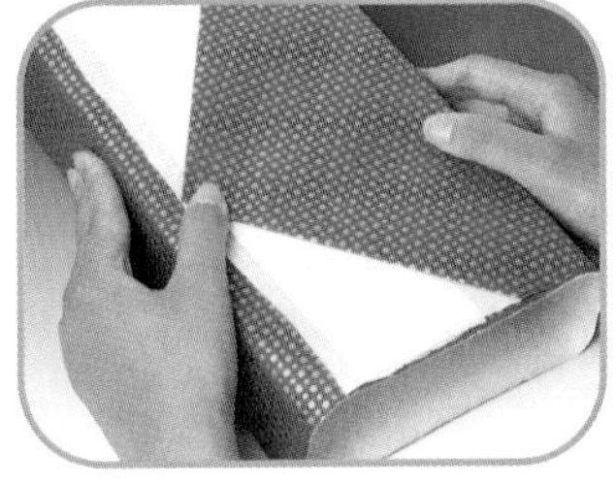

6 依上圖的順序包裹禮物。

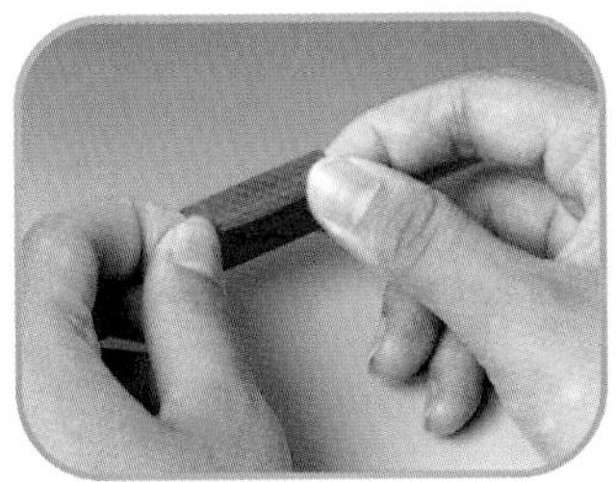

7 取一寬2公分的紅紙捲成圓筒。

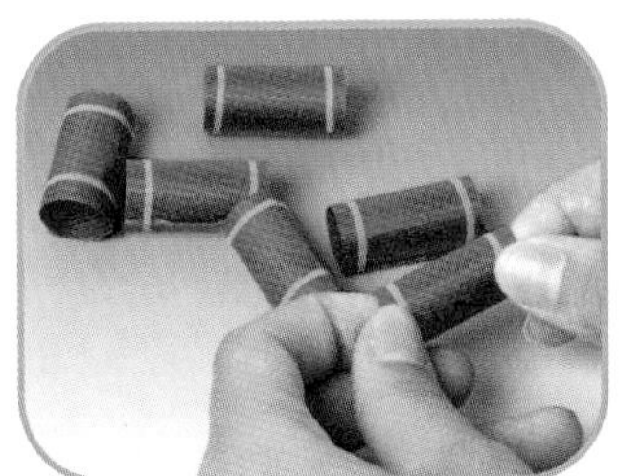

8 將圓筒二端用橘色轉彎膠帶裝飾。

9 影印所需文字後襯紅色紙，使割下字為紅色。

10 將字貼至粉紅色六角形中。

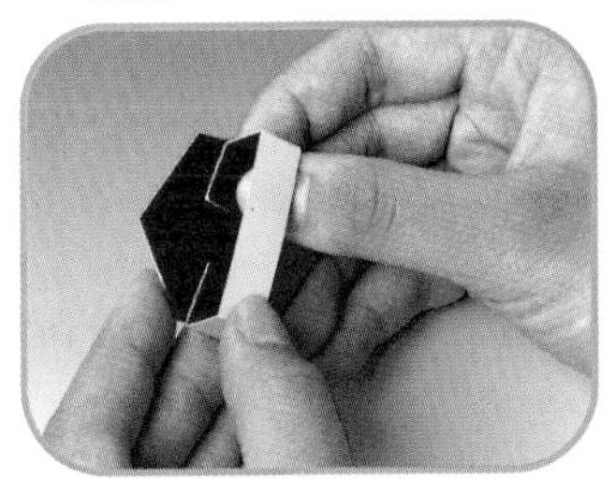

11 在六角形背後黏上厚度。

12 將所有物件組合完成。

wrapping. 新 年
節慶包裝 happy new year

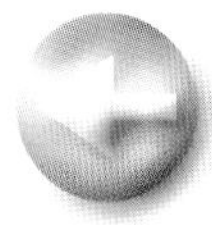

和風紙袋給人們一點點日式風味。

材料：和風紙、緞帶。

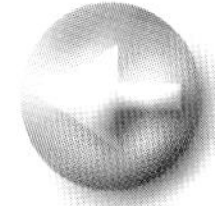

喜氣洋洋的紅格子，讓你一整年都有好運氣。

材料：包裝紙、緞帶、貼紙。

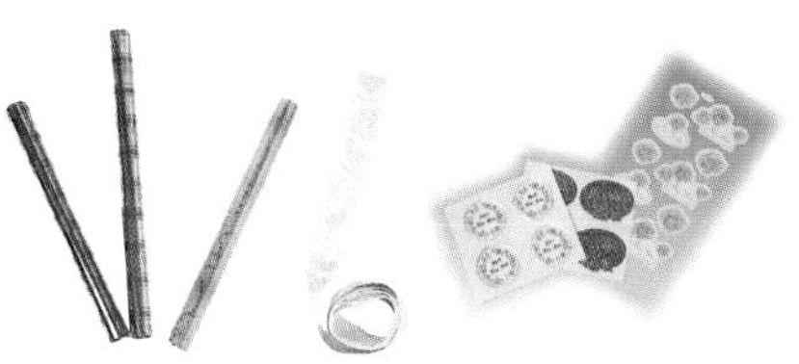

1 裁下一適當大小的包裝紙。

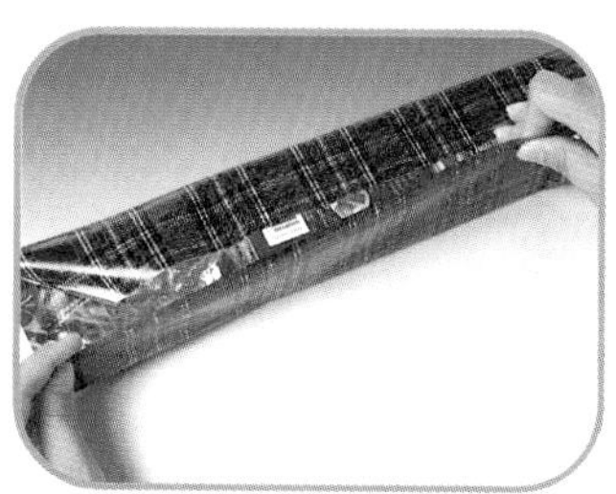

2 將禮物依上圖包裹起來。

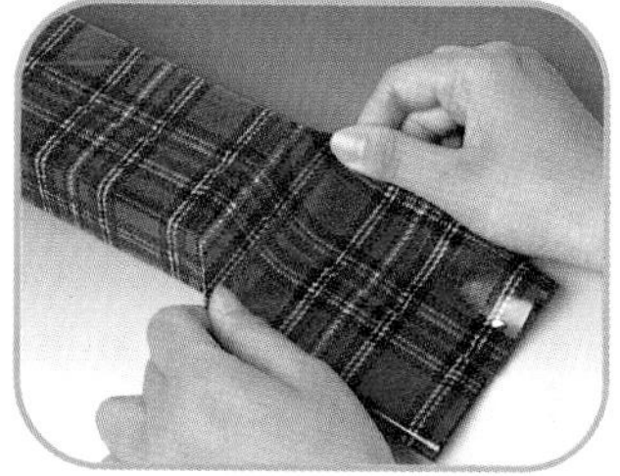

4 將其中一頭壓平固定。

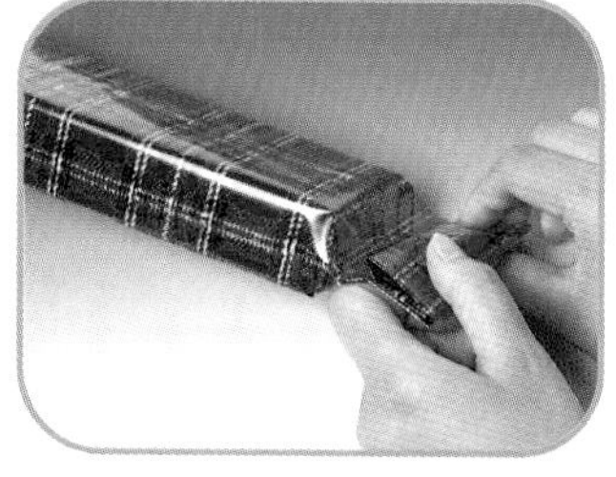

5 將壓平的部份摺起固定。

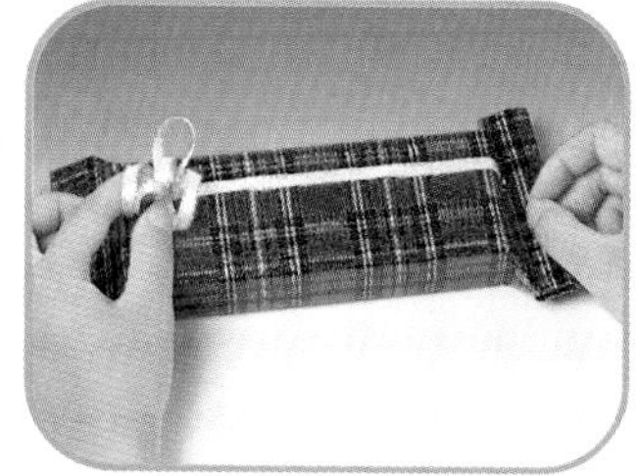

6 黏上緞帶裝飾，完成。

1 用基本技法將禮物包裝起來。

2 將和風紙前後摺。

3 將扇形底部用雙面膠黏合。

4 將二邊對折，即做出扇子形裝飾。

5 組合盒子及扇形裝飾即完成。

運用紙以外的素材，也可以營造新年的氣氛。

材料：包裝紙、泡棉。

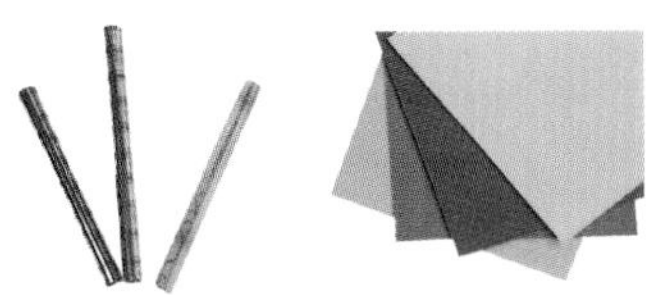

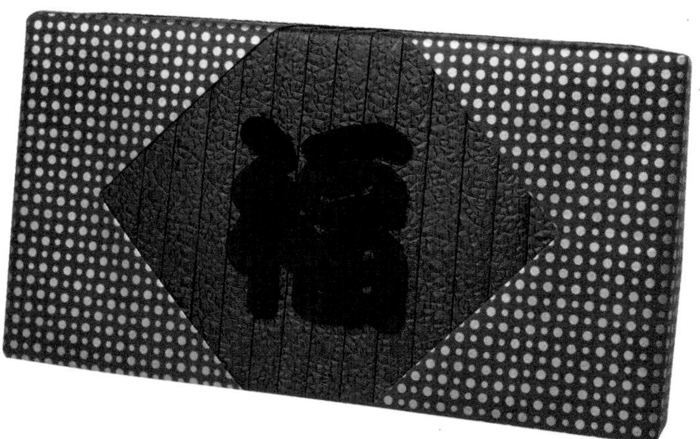

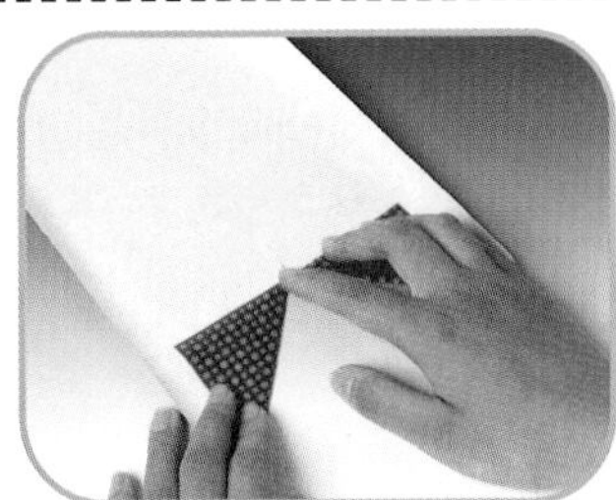

1 將紙的中心點內向割出6公分，摺出三角形。

2 拿另一紅色包裝紙摺出皺摺。

3 依上圖組合禮盒。

4 用黑色泡棉剪出「福」字。

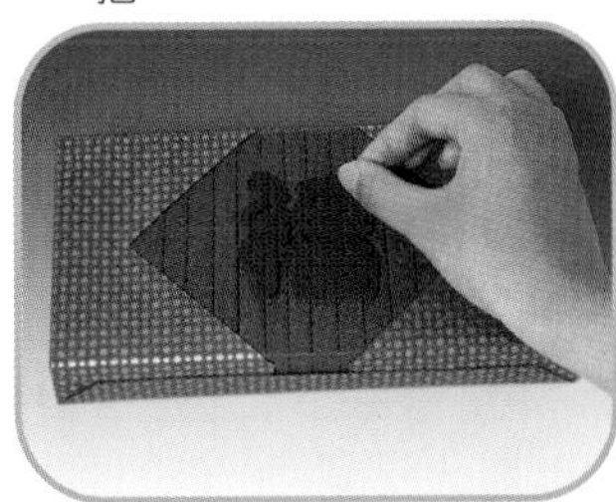

5 將字黏至禮盒上即完成。

wrapping 新年
節慶包裝 happy new year

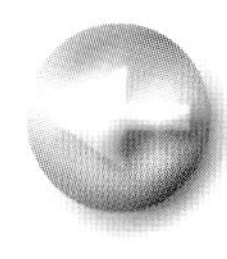

錦布有一種雍容華貴的氣質，爲禮品量身定做，更顯得出誠意。

材料：錦布。

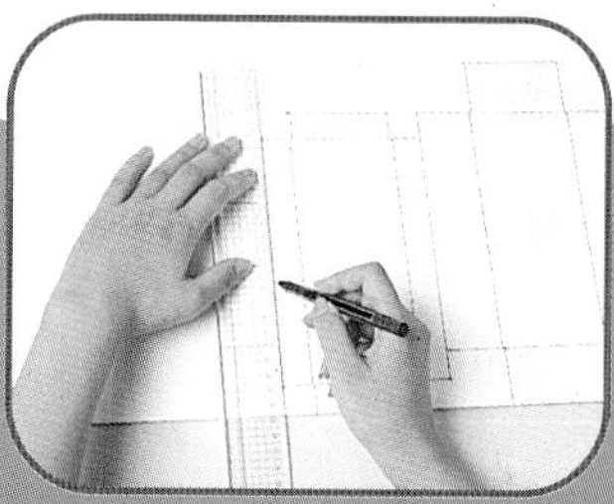

1 在美國卡紙上繪出型板。

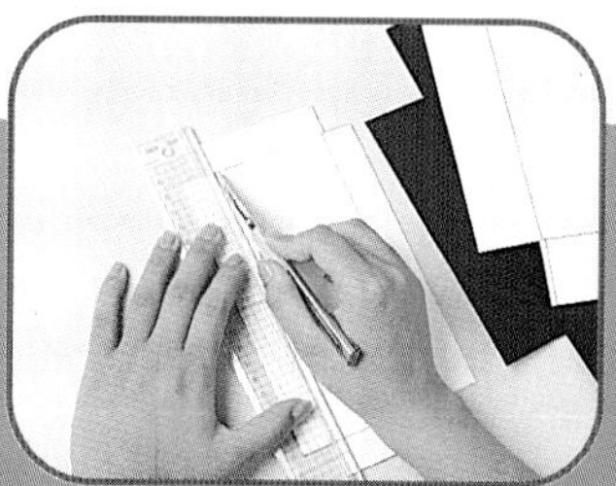

2 裁切下型板備用。

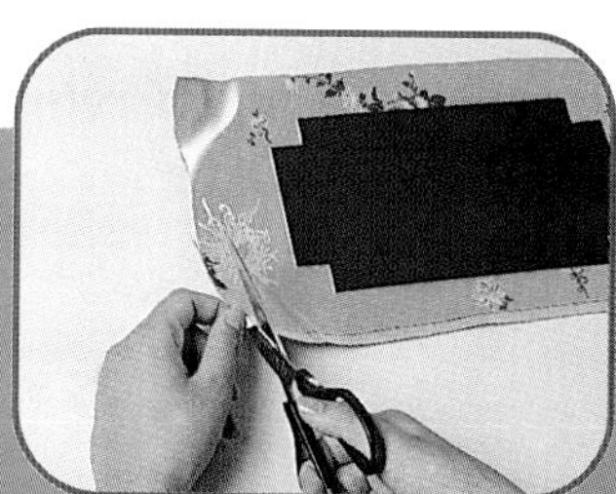

3 裁布約比型板大2.5～3cm。

4 布的四周裁切。

5 用膠帶固定紙盒。

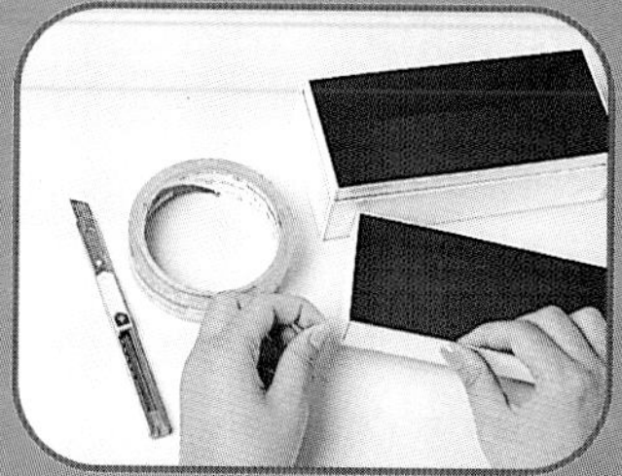

6 組合完成紙盒。

鞭炮造型的禮盒，會令收禮的人又驚又喜。

材料：包裝紙、和風紙。

1 鋸下一圓筒紙捲包上包裝紙。

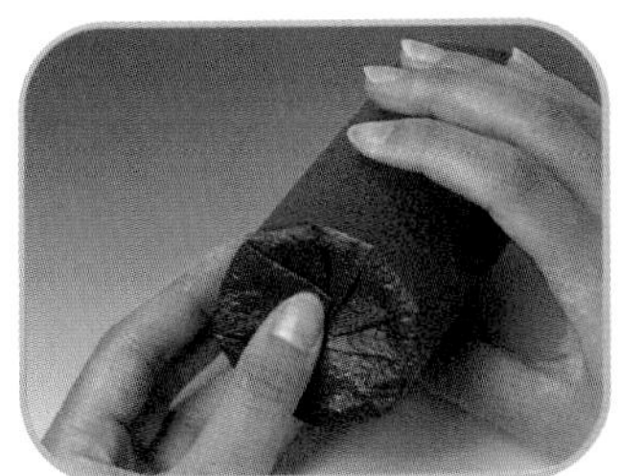

2 捏出皺摺集中於圓筒中心點。

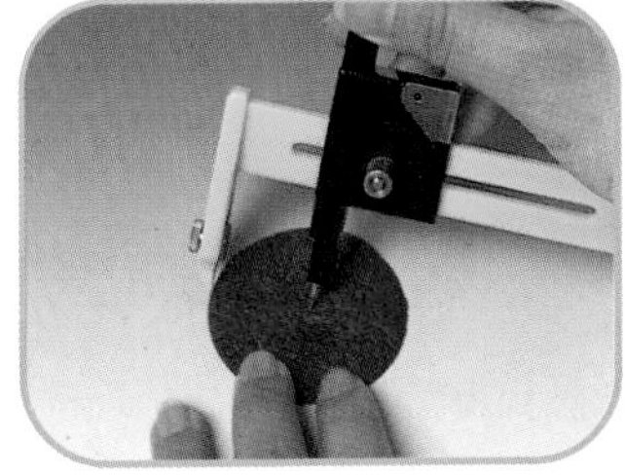

3 用割圓器割出與與圓筒直徑大小相同的圓。

4 在圓中割出一小洞塞入金色束口帶。

5 影印所需文字後襯色紙。

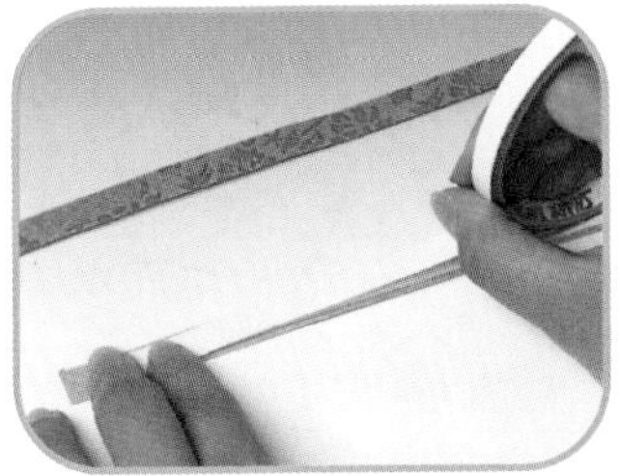

6 在裝飾紙條後黏上雙面膠。

7 組合所有物件後，鞭炮即完成。

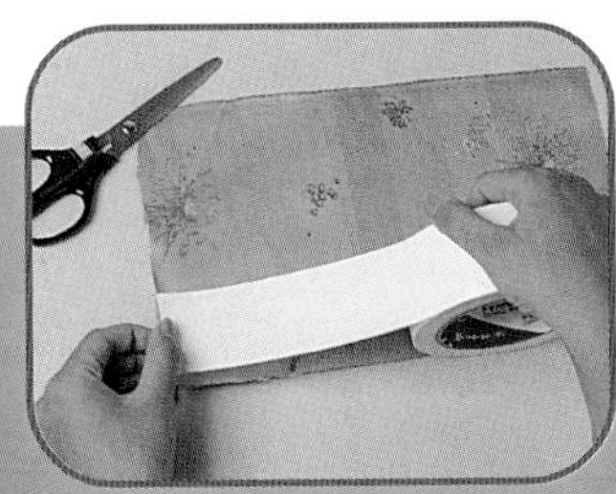

7 將布的背後黏貼雙面膠。

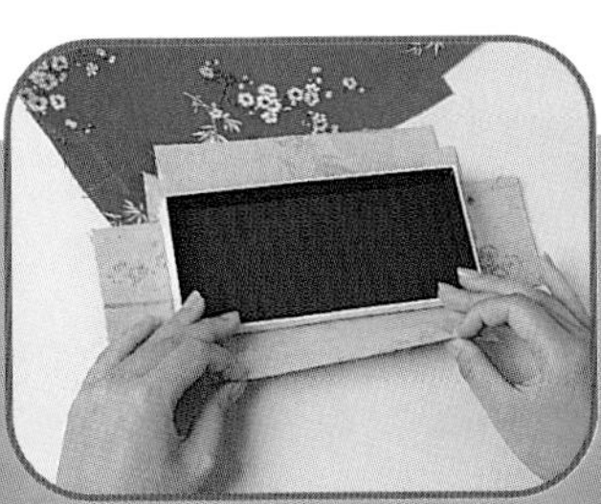

8 布黏合至紙盒上。

9 為求盒面平整，由中央向外壓平。

10 盒底補布。

11 內裡轉角處補布面。

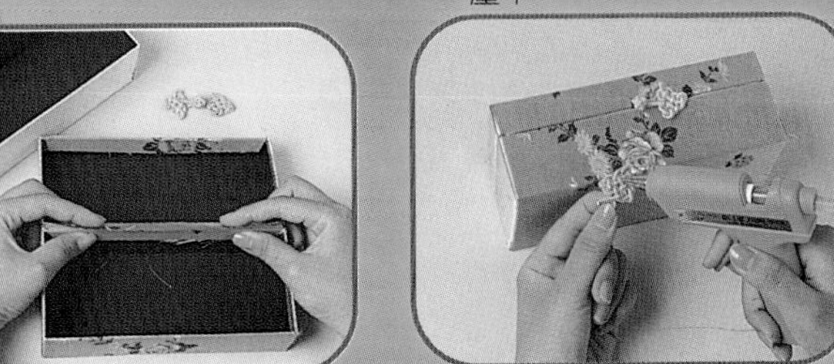

12 黏合中國結。

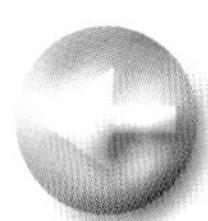

用和風紙做的福袋，好似穿著和服般的特別。

材料：緞帶、和風紙。

1 用白色包裝紙將禮盒包裝起來。

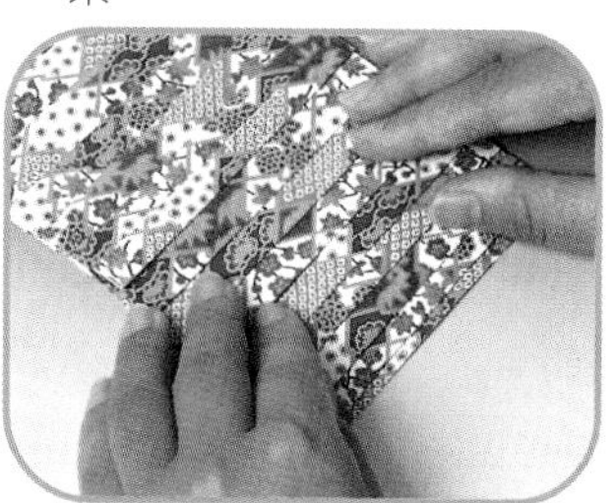

2 外層的包裝紙，其長度為所需長度2倍，摺出皺摺。

3 取已摺好的紙將圖1包裹起來。

4 取同樣的包裝紙裁成正方形後對折成三角形。

5 如上圖左右交叉摺起。

6 拿另一包裝紙裁成長條形，黏至圖5。

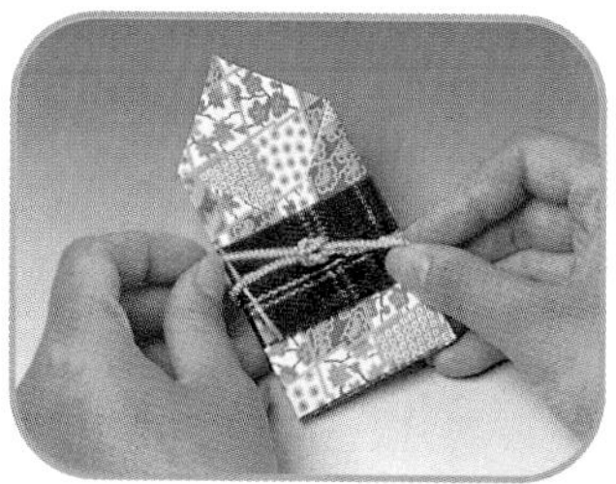

7 綁上金蔥繩子裝飾，福袋部份完成。

8 組合所有物件，即完成。

wrapping. 情人節

節慶包裝—valentine's day

■ Valentine's day

情人節屬於情侶們甜蜜而又重要的節日，互相交換為對方精心準備的禮品，表達心中愛意。

wrapping ■ 情 人 節

節慶包裝一 valentine's day

甜甜的金莎巧克力送給你，讓你記得我的好。

材料：緞帶、不織布、金莎。

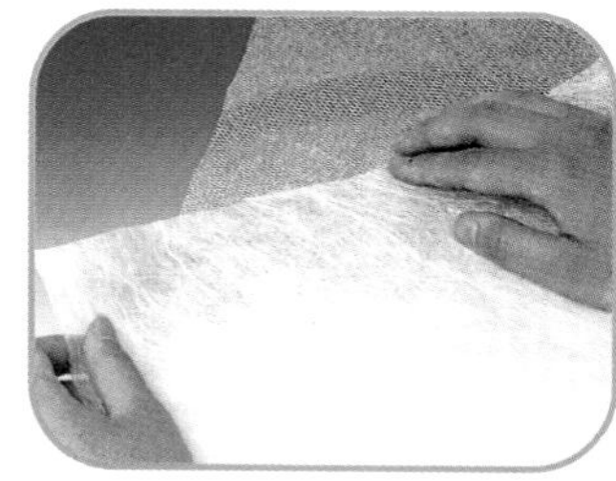

1 取一綿紙及紗網交叉放置備用。

2 一手捏住心形的中心點，另一手摺出皺摺。

3 用基本技法教過的緞帶打法打出緞帶花。（p.19）

4 將緞帶固定至心形巧克力上即完成。

這種包裝法適合所有布製品包裝，既整齊又有變化。

材料：包裝紙、束口帶。

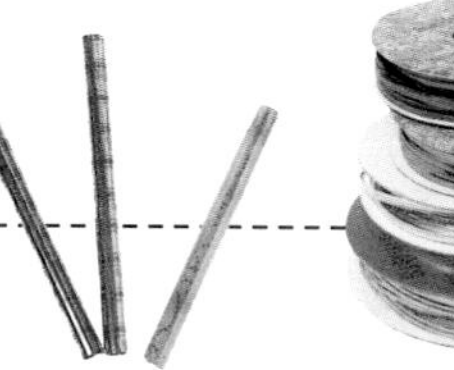

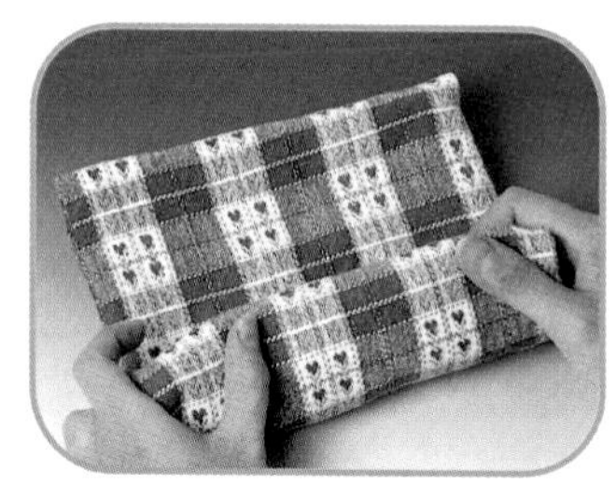

1 將桌巾摺成四方形。

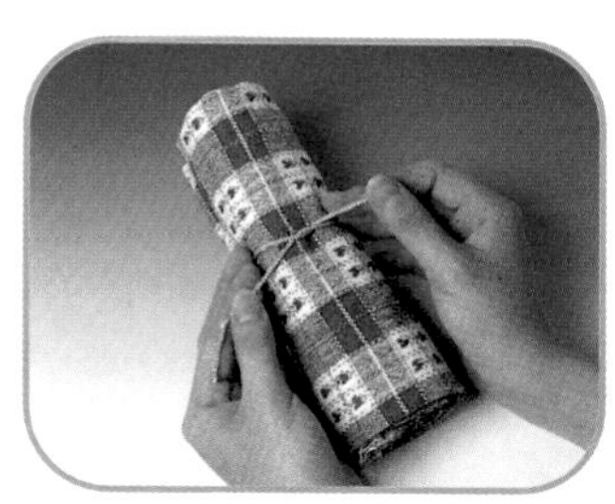

2 用繩子固定桌巾。

咖啡杯搖身一變，立刻身價不凡。

材料：緞帶、不織布、杯子。

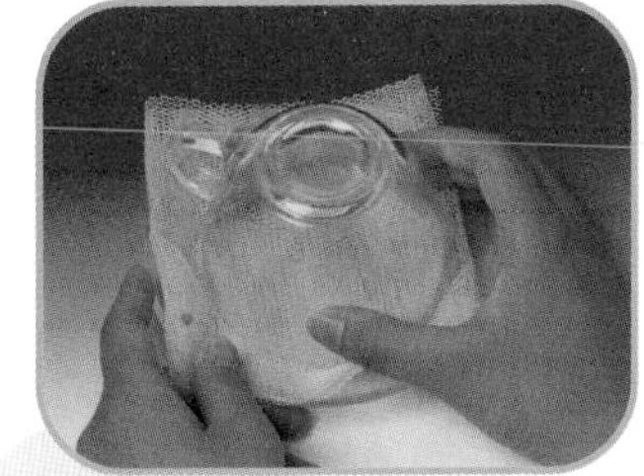

1 用紗網鋪在杯與盤中間，避免碰撞損壞。

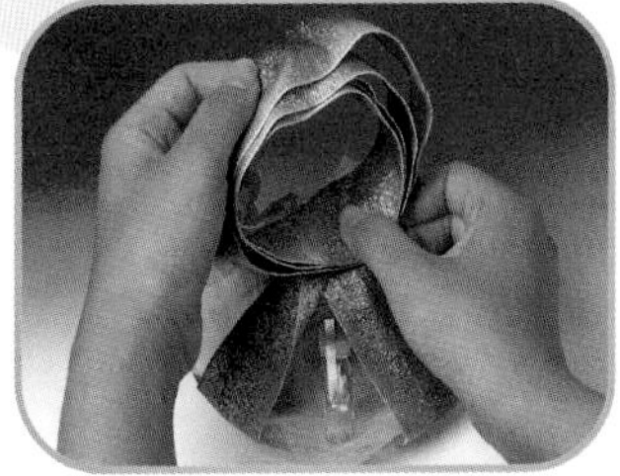

2 拿一緞帶交叉固定杯組。

3 打出上面的緞帶花。

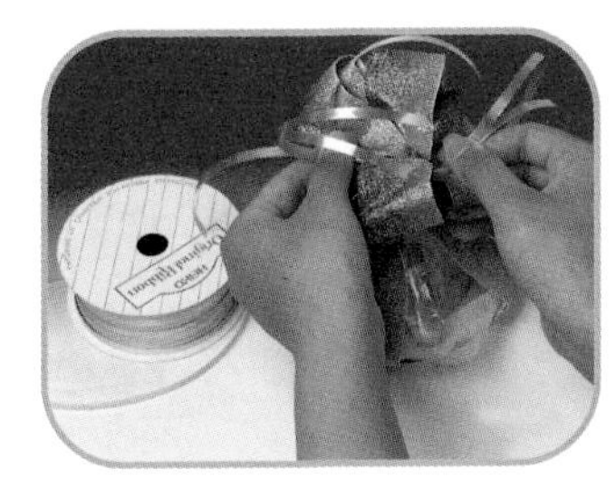

4 將緞帶三條重疊綁至緞帶花的中心點。

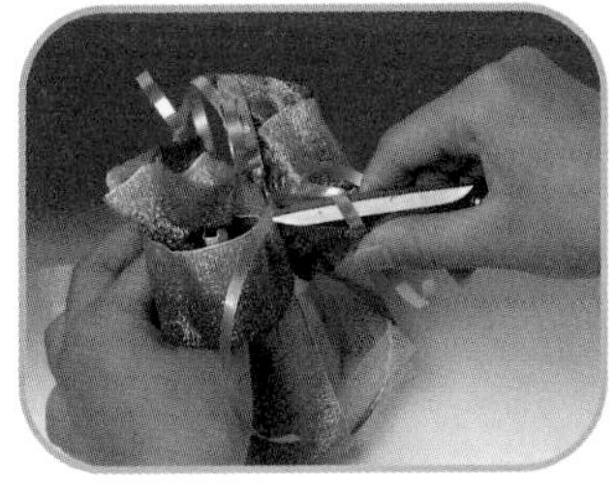

5 用剪刀拉緞帶使其彎曲。

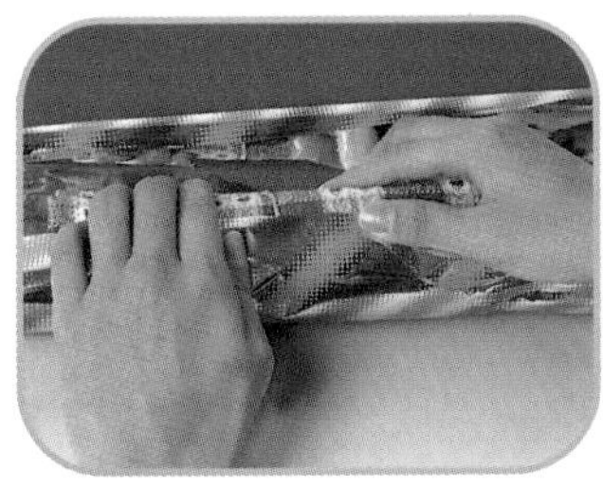

3 取適當大小的包裝紙。中央部份重疊。

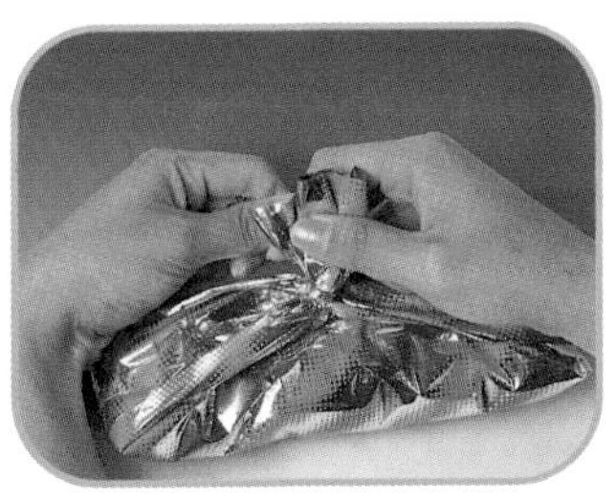

4 二邊拉至中央後固定。

5 用剪刀拉緞帶使其捲曲。

wrapping 情人節
節慶包裝—valentine's day

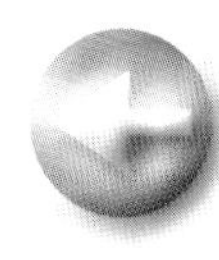

可愛的情侶猴，爲他們量身定做一個愛的小窩。

材料：緞帶、包裝紙、猴子玩偶。

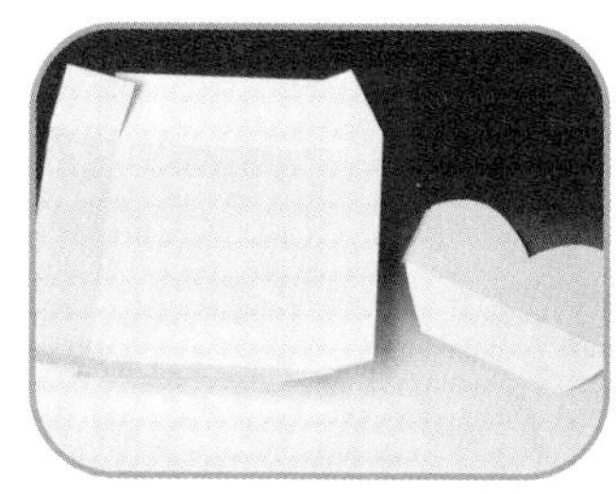

1 用厚紙板做出盒子。

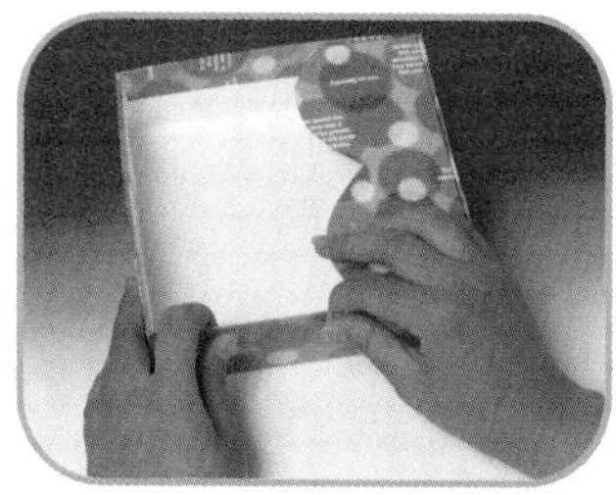

2 用包裝紙包裹盒子。

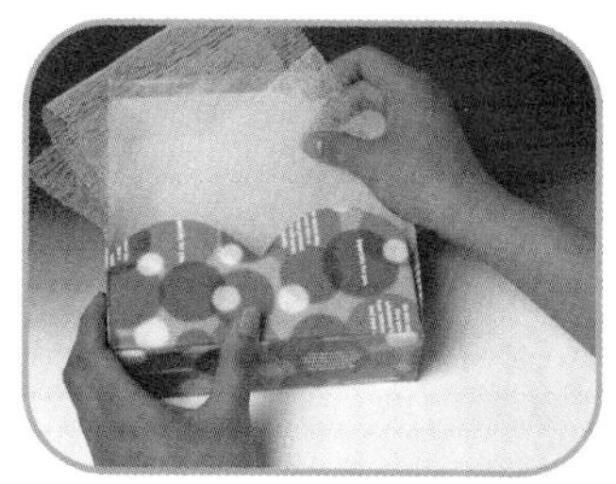

3 在盒內舖上紗網，交叉重覆舖在底層。

4 放入情侶猴，調整位置。

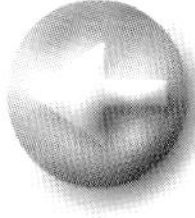

做一支玫瑰放在妳桌上，讓妳時時想起我。

材料：紙籐、鐵絲。

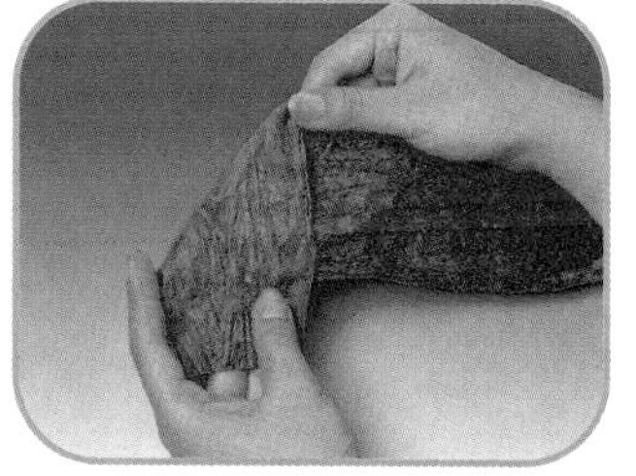

1 將紙籐攤開後，一角往內摺。

2 花心部份再對折。

鮮花容易枯萎，我親手做的花就像我對你的愛永不凋零。

材料：泡綿、包裝紙。

1 裁下寬五公分的泡綿。

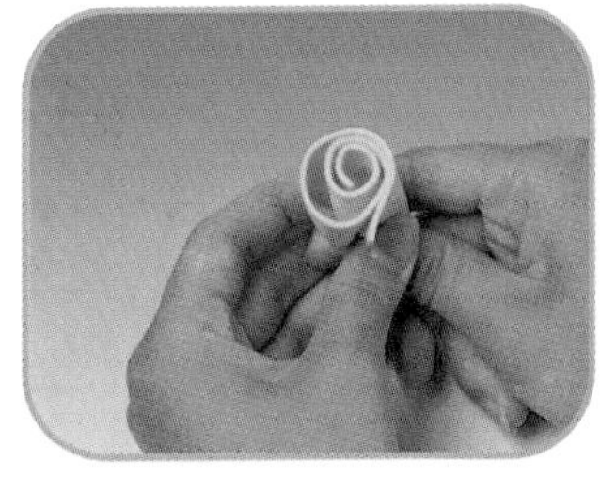

2 將泡綿捲成花朵狀。

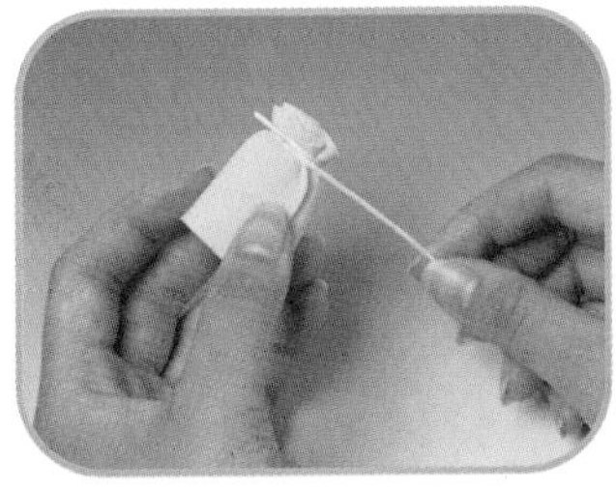

3 拿鐵絲固定花朵。

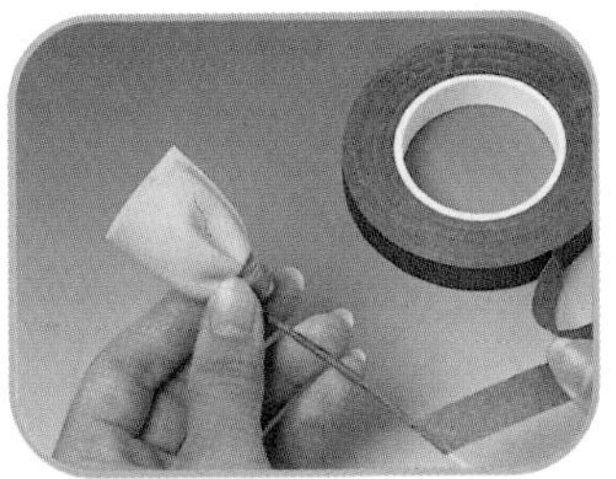

4 用有色膠帶固定花托。

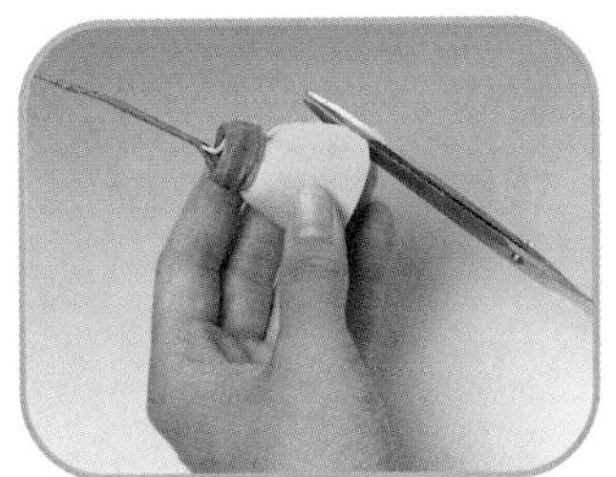

5 修飾花朵的邊緣。

6 翻開花朵。

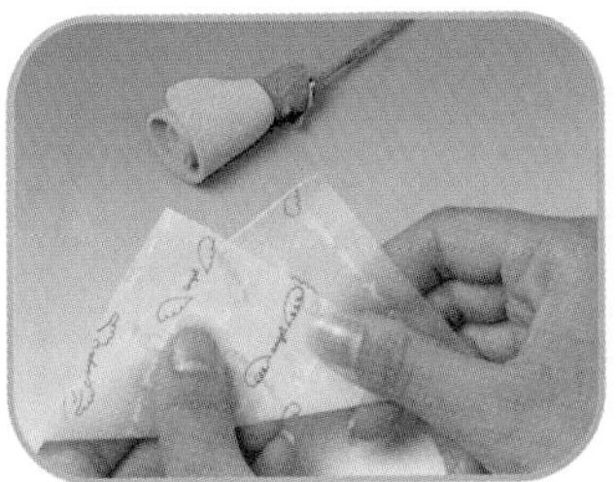

7 將包裝紙對折備用。

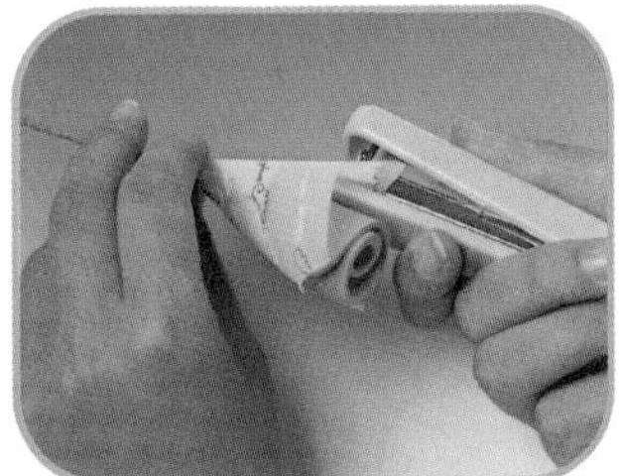

8 將包裝紙包裹花朵，用釘書機固定。

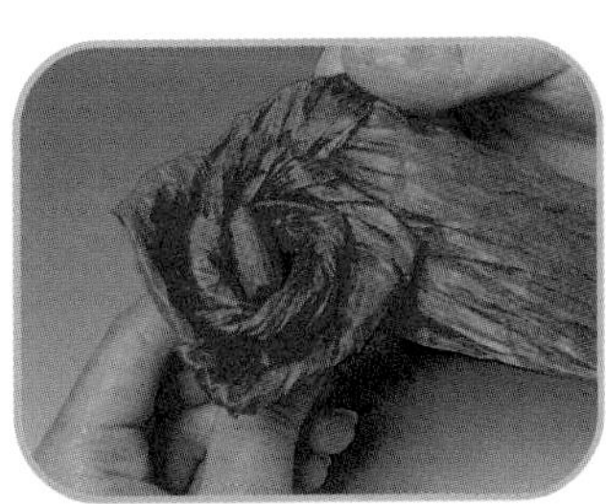

3 每半圈反摺做出花瓣。

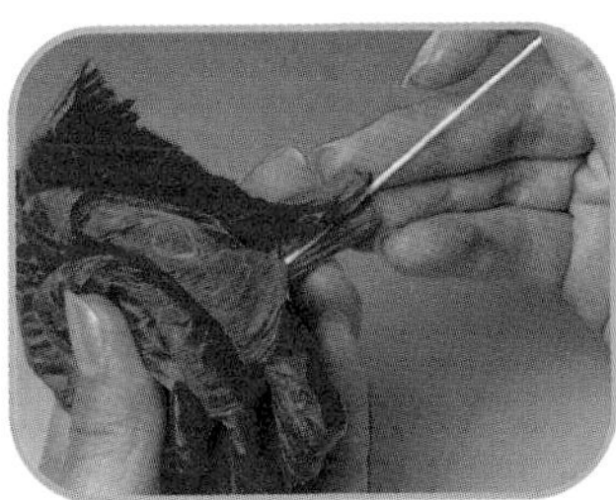

4 在收尾處插入鐵絲固定花朵。

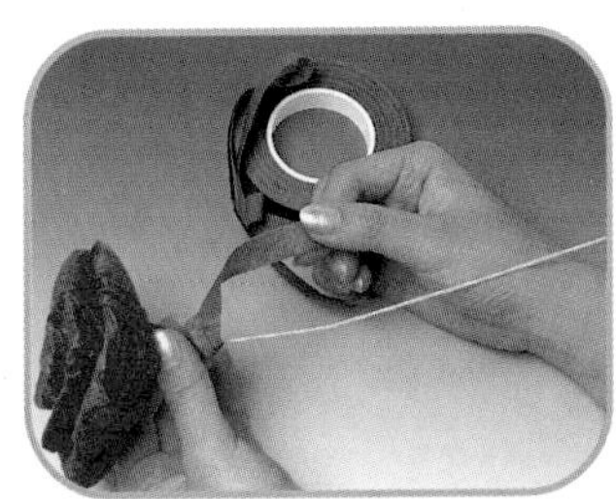

5 用有色膠帶固定花朵及鐵絲。

wrapping. 端午節、兒童節、中秋節

節慶包裝—

the dragon boat festivel
the moon festivel
children's day

The dragon boat festivel
The moon festivel
Children's day

看著激烈的龍舟競賽進行中，岸邊加油的人潮愈來愈多，真是令人緊張萬分呢！
中秋明月高掛天上，也是離家遊子返家團圓的日子，吃過晚飯後坐在院子中吃著柚子賞月，享受難得的悠閒。
哇！好可愛的狗狗和粉紅豬，謝謝爸爸媽媽，讓我有了好朋友的陪伴。

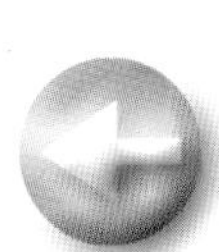

將小狗狗包起來製造點神秘感，給弟弟一個驚喜。

材料：狗布偶、皺紋紙、緞帶。

application

pig

dog

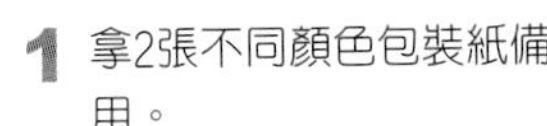

1 拿2張不同顏色包裝紙備用。

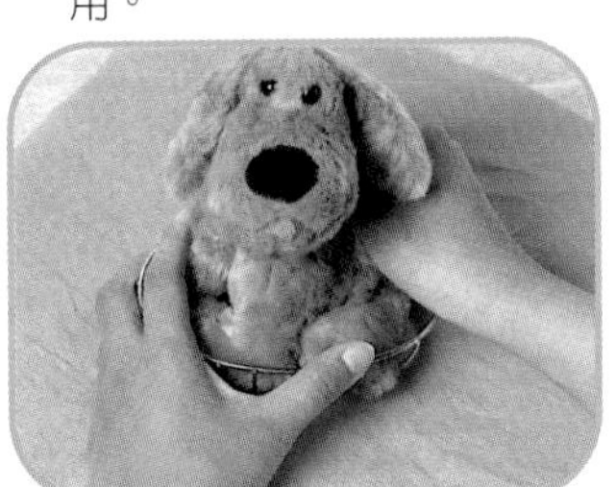

2 將玩偶放在較重的底座上，使其可站立。

3 隨意的紮起後固定。

4 在玩偶的背後綁上緞帶花裝飾。

端午節、兒童節、中秋節

the dragon boat festivel
the moon festivel
children's day

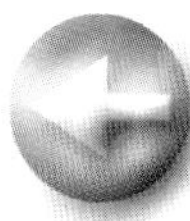

把妹妹最喜歡的果凍包裝起來，給她一個甜甜的驚喜。

材料：果凍、不織布、糖果袋。

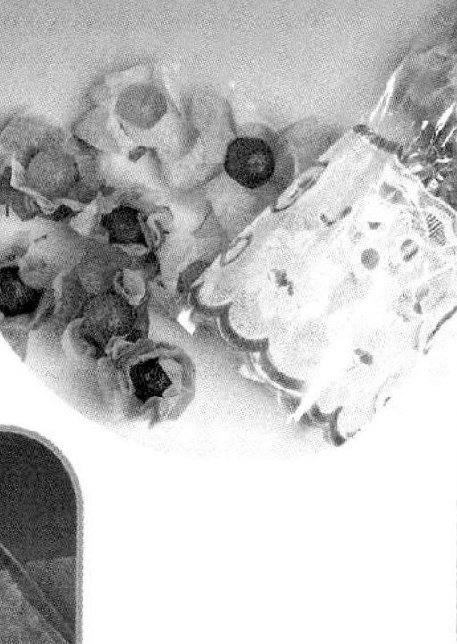

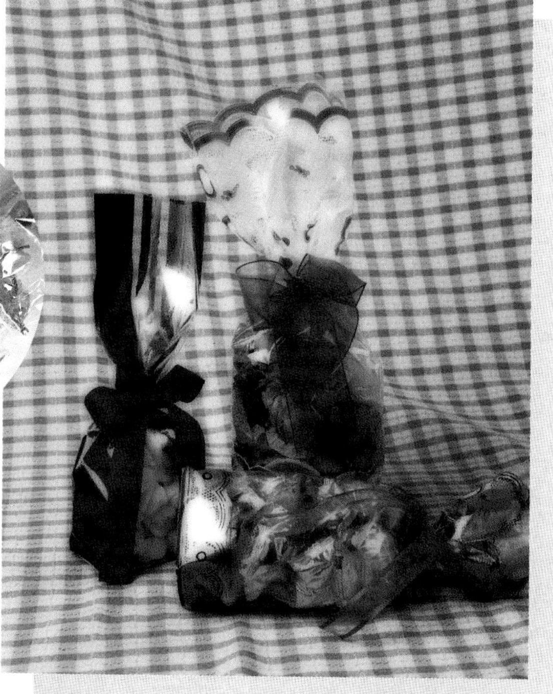

1 裁下各色數片正方形不織布包裝紙備用。

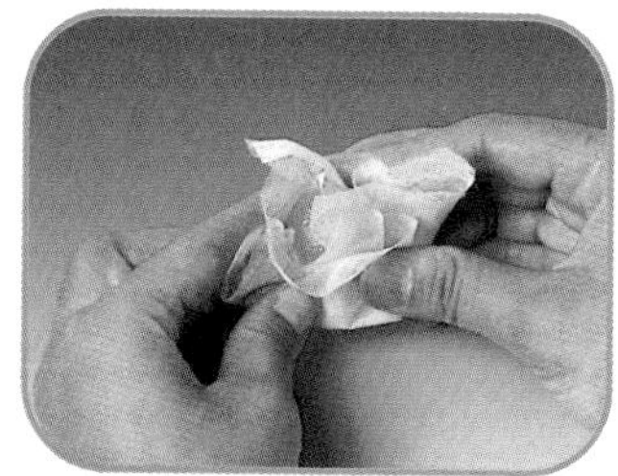

2 拿2片不織布包裝紙交叉放。

3 隨意的紮起來。

4 拿束口帶固定。

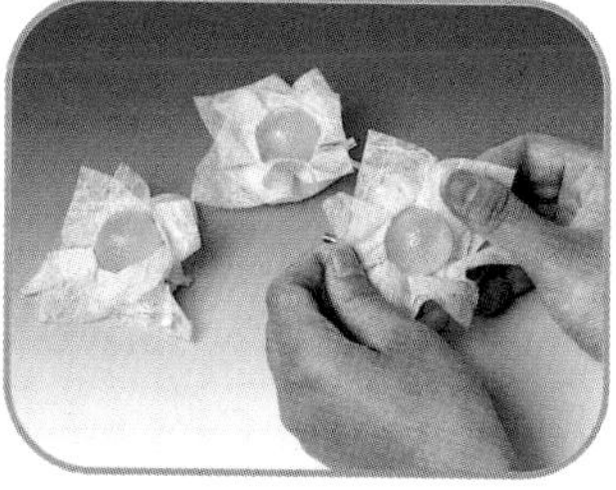

5 翻開不織布包裝紙，使果凍底部看得見。

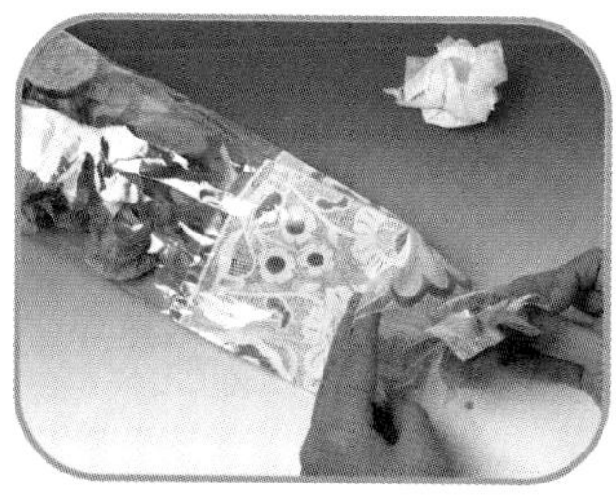

6 將所有果凍裝入硬底糖果袋。

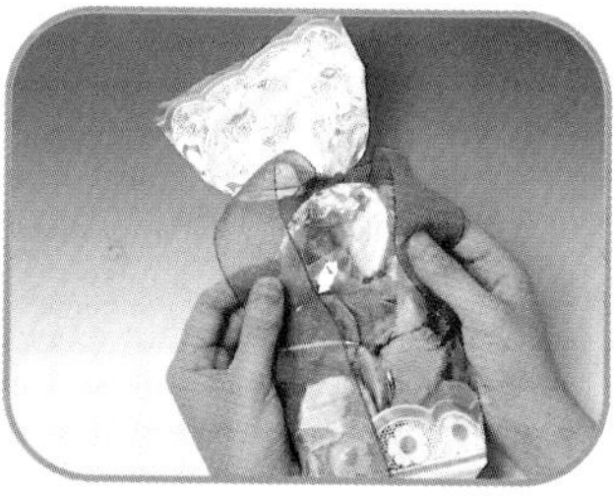

7 綁起袋口，用紗綢緞帶打上蝴蝶結即可。

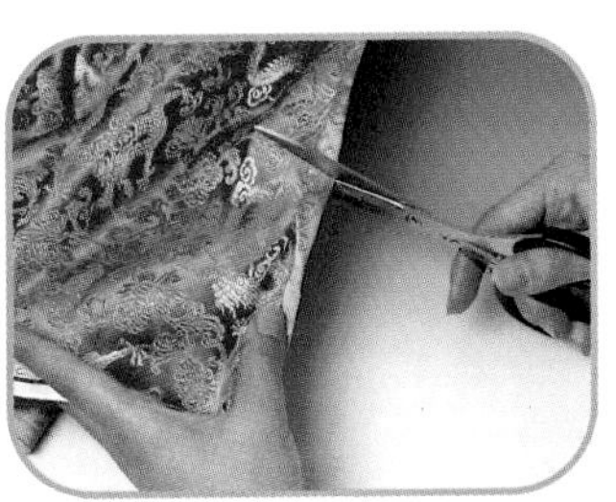

1 裁下一長形的錦布。

2 將四邊反折縫合，以防止脫線。

3 袋子的兩邊縫合，反面朝外縫合後翻面。

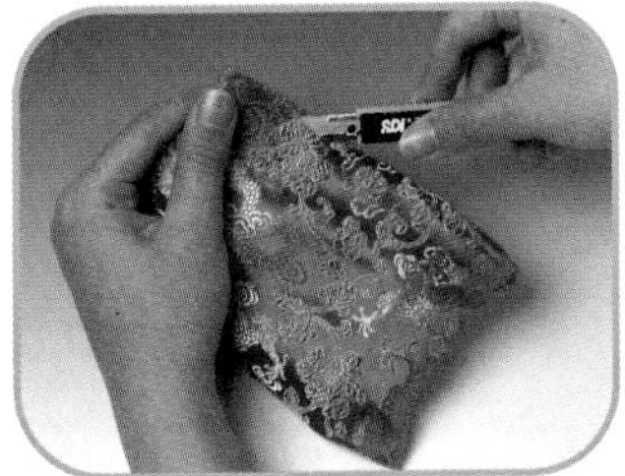

4 在袋口處割出數個缺口。

5 將緞帶穿過數個缺口。

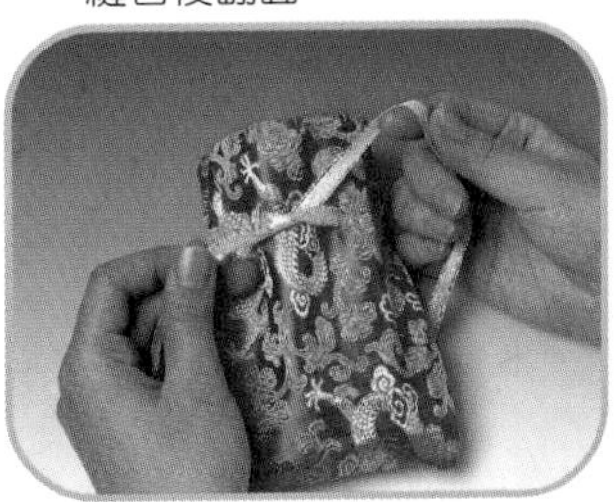

6 束緊袋口後打上蝴蝶結後，香包即完成。

application

用錦布製成的香包，更適合媽媽佩戴。

材料：錦布、緞帶。

將柚子穿上外套，可愛又大方。

材料：塑膠布、柚子、緞帶。

The moon Festival

THE MOON FESTIVEL

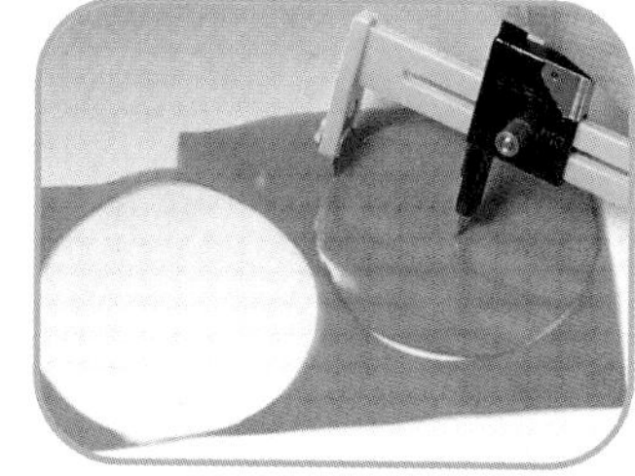

1 用割圓器裁出一直徑約6公分的圓。

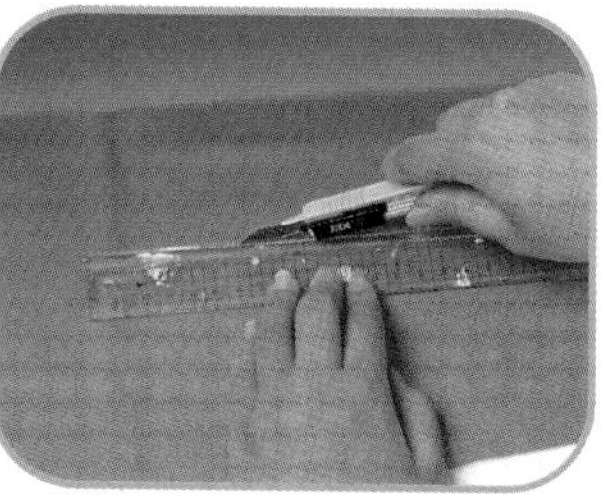

2 裁出長形的粉色透明塑膠帶。

3 先將二邊縫合固定。

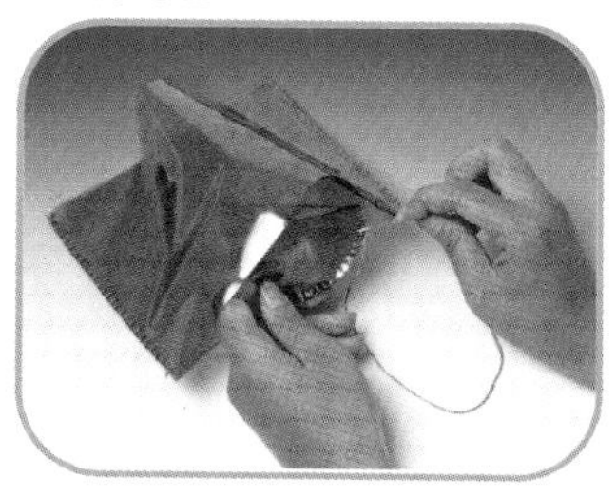

4 再將圓形縫至底部形成飛碟底部。

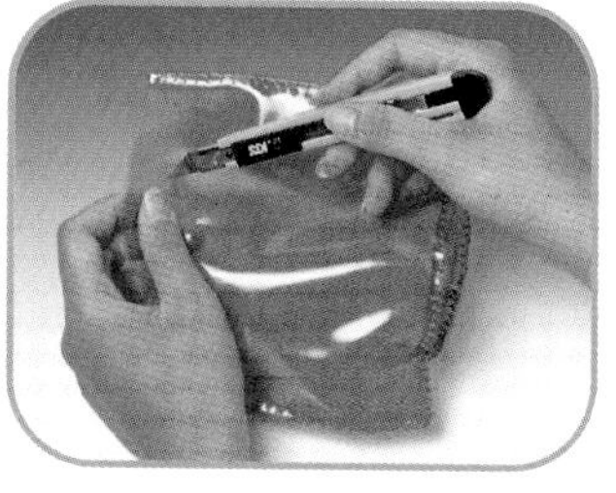

5 在袋口處用刀片割幾道割痕。

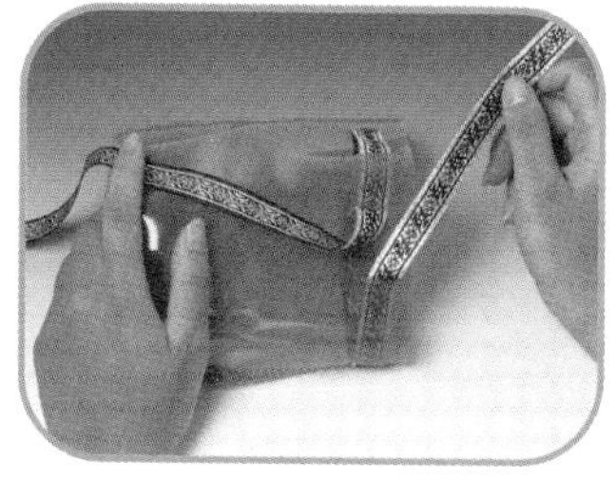

6 將緞帶上下穿過割痕。

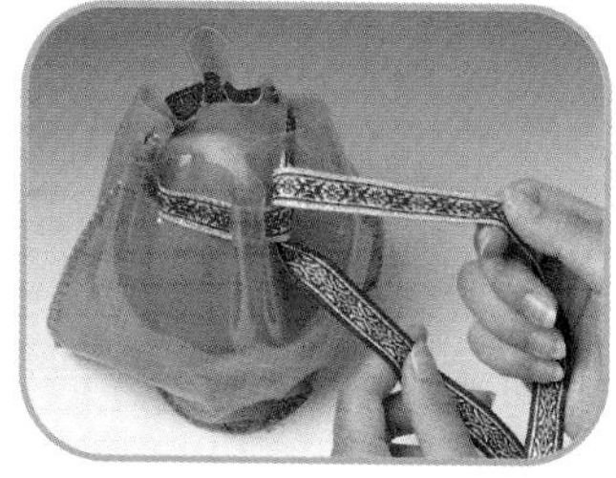

7 放人柚子將袋口束緊，打上蝴蝶結即可。

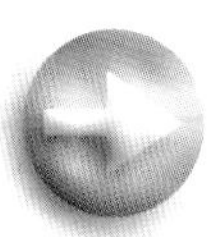

中秋節的特色以棕色調為主，再加上月亮，更顯其特色。

材料：包裝紙、漆包線、緞帶。

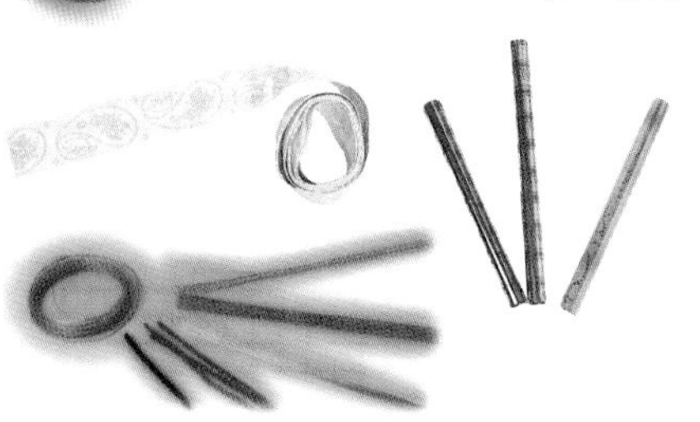

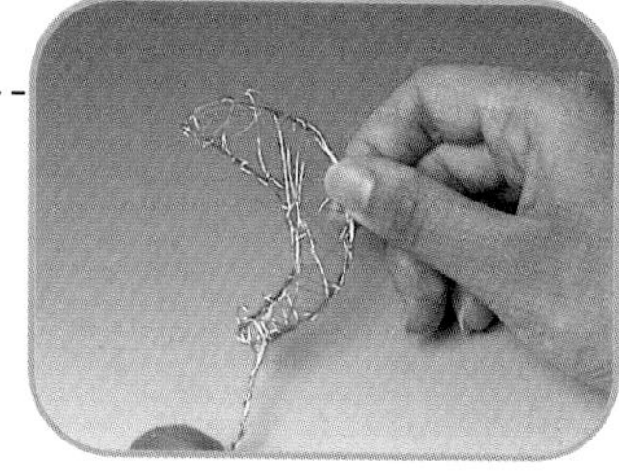

1 用漆包線纏出月亮的形狀。

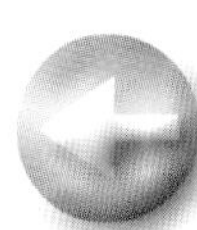

一輪明月高掛天空，又到了遊子返家團聚的節日。

材料：包裝紙、緞帶。

1 在包裝中央，沿著本身的直線黏上雙面膠。

2 將下方包裝紙重疊上去。

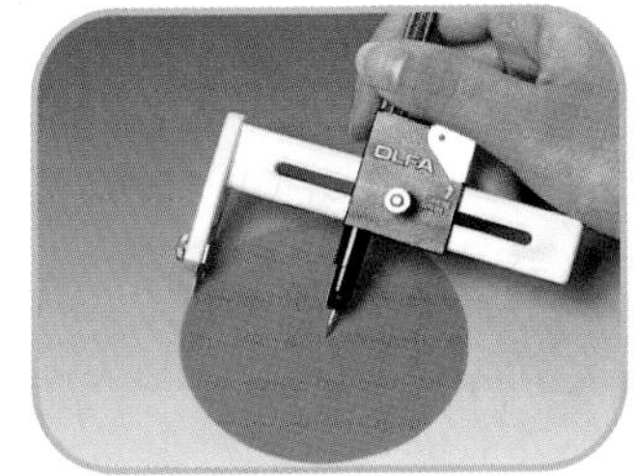

3 用割圓器割出橘色月亮。

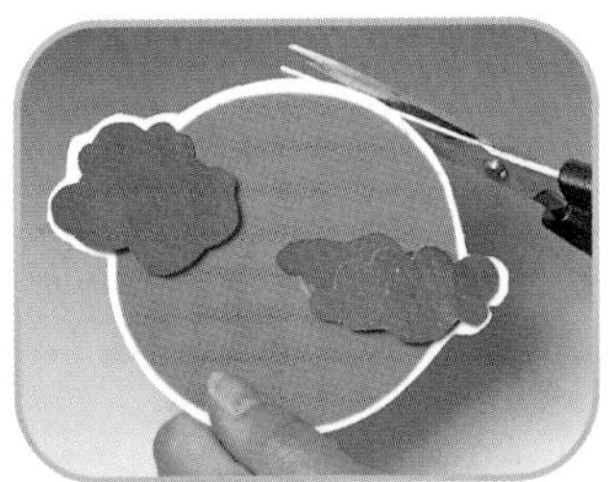

4 貼上雲朵黏至厚紙板沿邊留下0.2公分剪下。

5 黏上用電腦列印出來的英文字。

6 將月亮組合禮盒上。

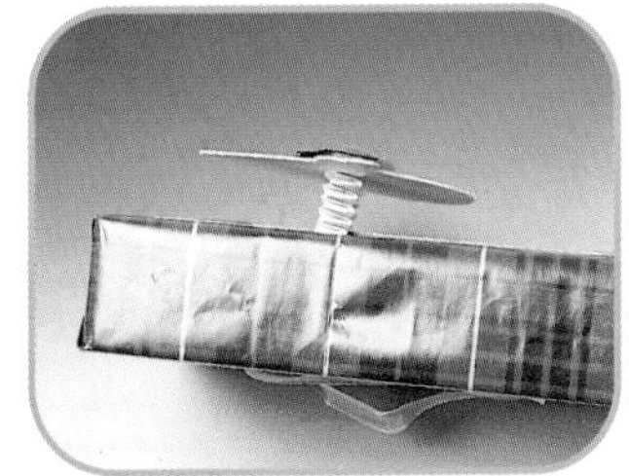

7 側視圖。

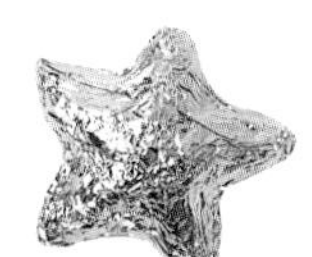

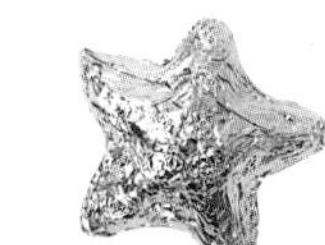

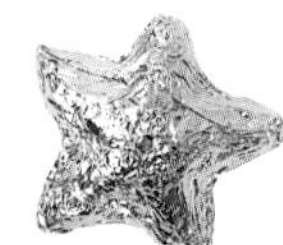

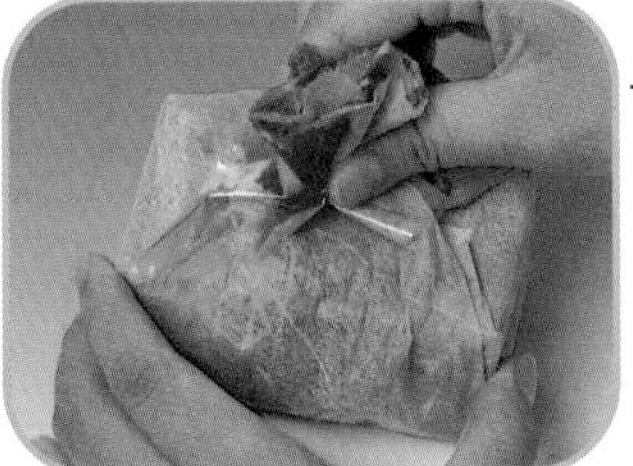

2 用包裝紙將禮盒包裝起來，兩邊拉起束口帶固定。

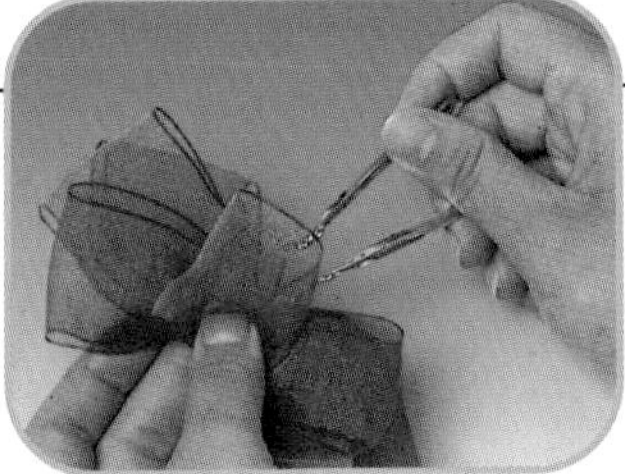

3 做出一緞帶花。

4 放入漆包線月亮後即完成。

wrapping 萬聖節

節慶包裝－halloween

halloween

萬聖節可是我們小孩化裝舞會的好時候呢！有人裝成南瓜、有人扮成吸血鬼，真熱鬧。

-KING- -QUEEN- -SORCERESS-

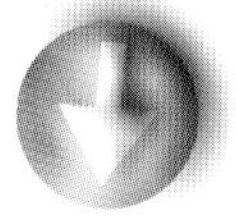

以南瓜爲造型，用線條繞出裝飾，更顯其趣味性。

材料：瓦楞紙、包裝紙、緞帶。

HALLOWEEN

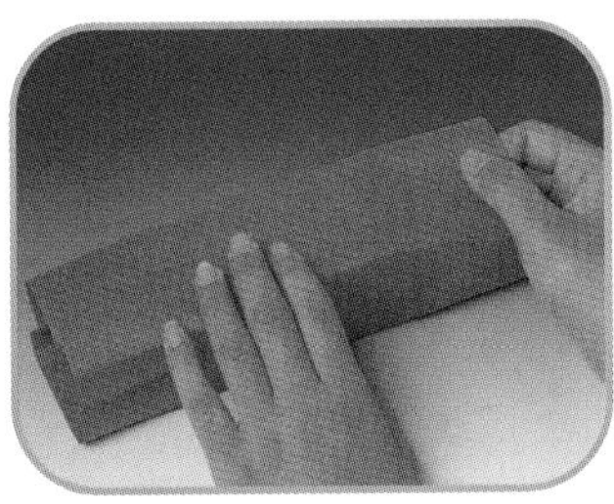

1 用橘色包裝紙包裝，中央位置重疊。

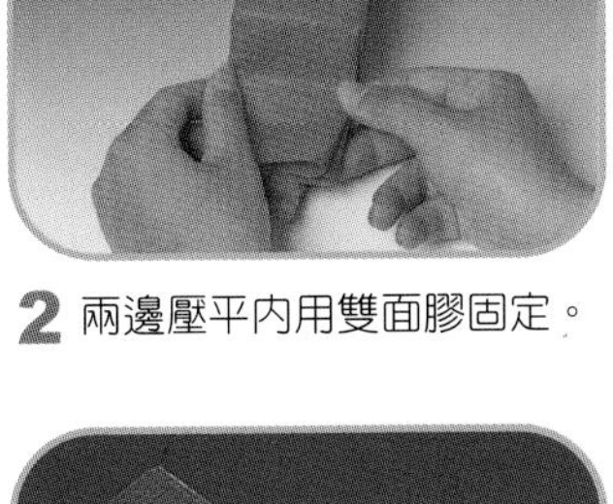

2 兩邊壓平內用雙面膠固定。

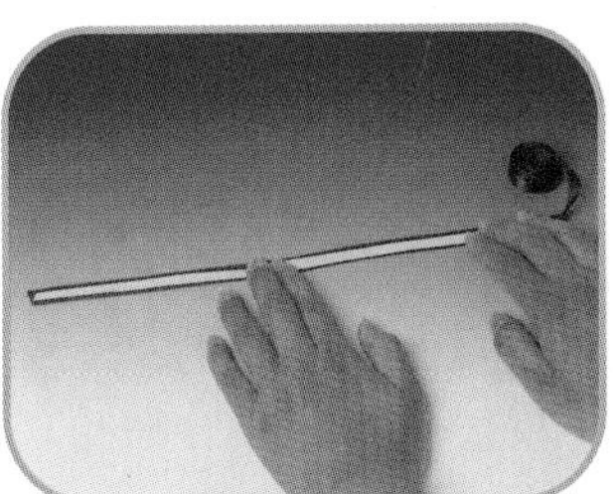

3 在咖啡色緞帶背後黏上雙面膠。

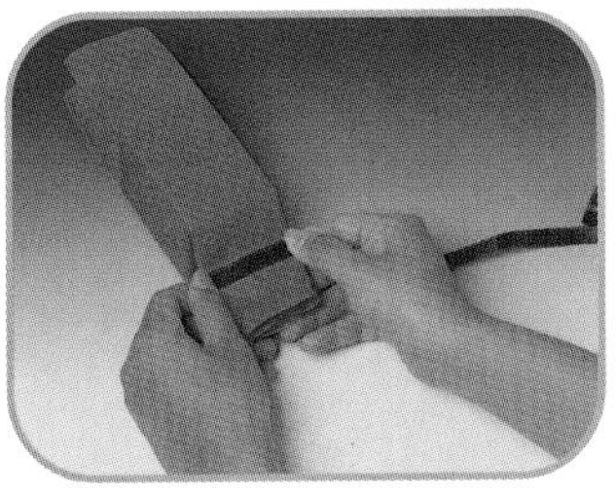

4 依上圖在兩端黏上緞帶。

5 裁下寬度0.5公分的長條瓦楞紙數條。

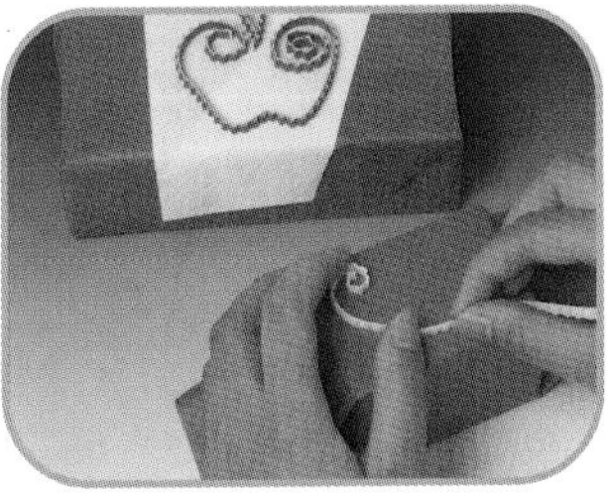

6 用紙捲捲出南瓜的外型，用白膠固定。

wrapping 萬聖節
節慶包裝—halloween

哇～
好大的禮物

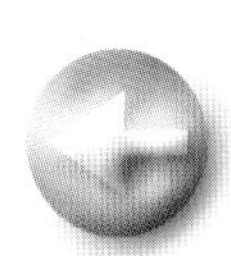

亮質包裝紙容易製造華麗的感覺，爲包裝加分。

材料：包裝紙、緞帶、漆包線。

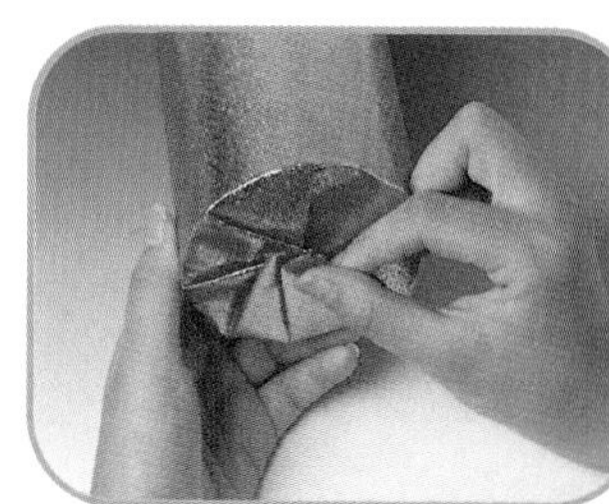

1 在底端用螺旋法摺出花紋後用貼紙黏合。

2 用漆包線纏出圓球狀。

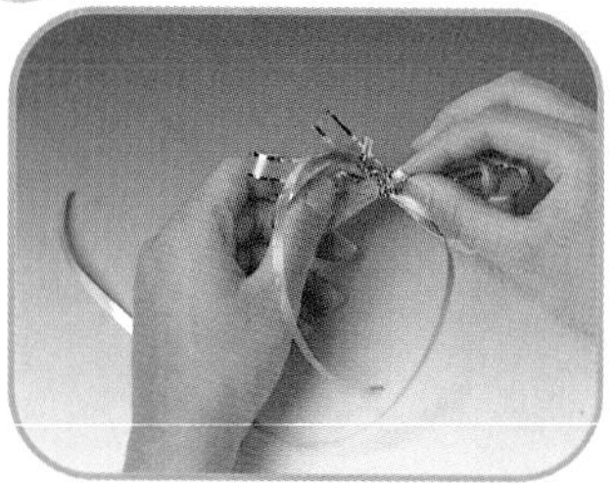

3 用數種緞帶組合成緞帶花。

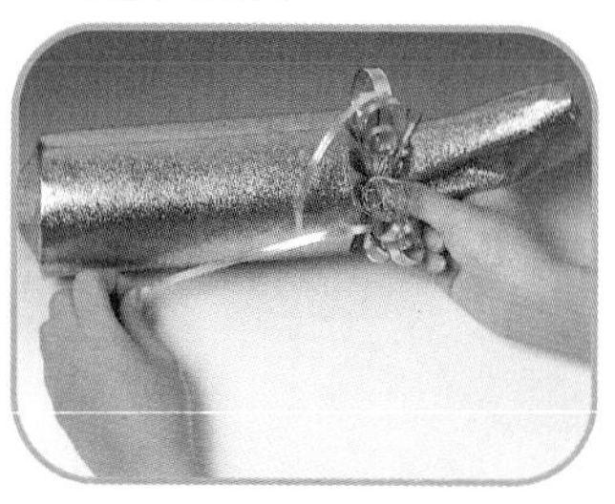

4 將緞帶花固定至圓筒上。

5 將「HALLOWEEN」的牌子吊掛上即可。

1 將包裝紙擺成菱形，將禮盒置於中央，下方紙向蹉摺。

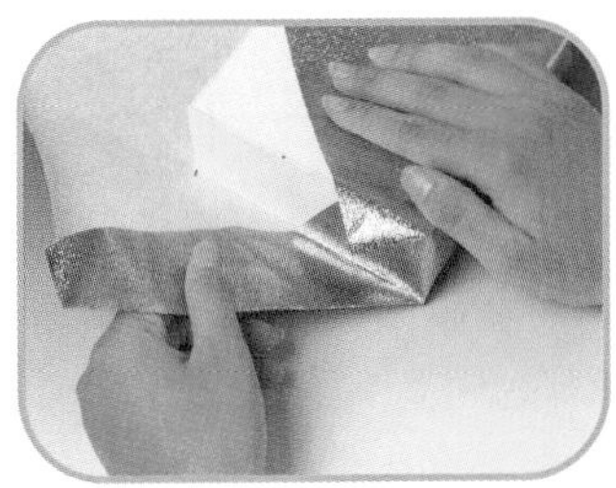

2 將禮盒在左側的包裝紙向正面摺。

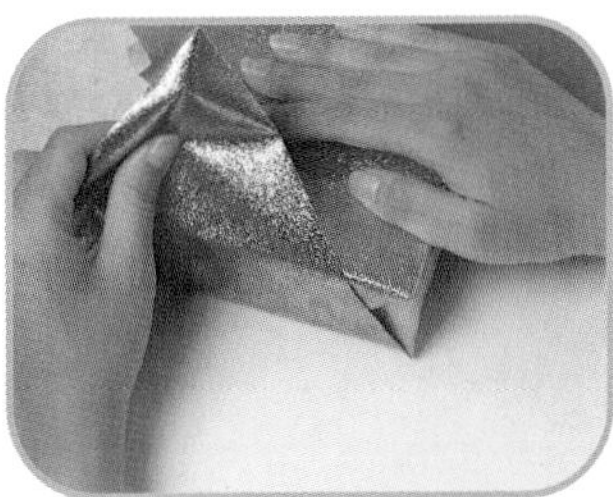

3 向正面摺後注意留出一個三角形（右邊同左）。

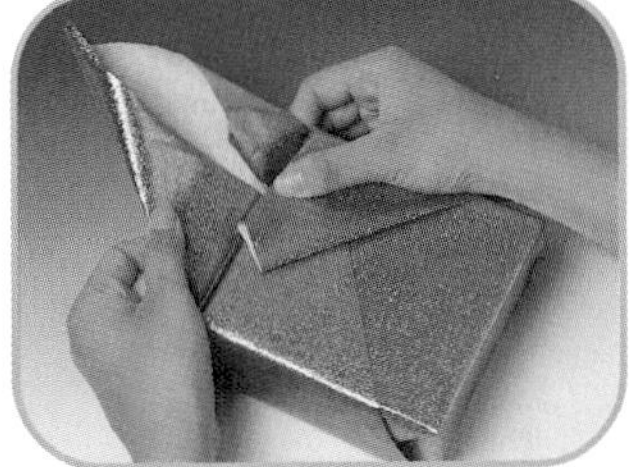

4 最後一側所剩餘的紙張也同圖3的作法。

5 包裝完成。

6 拿一橘色紙張繪出南瓜圖形。

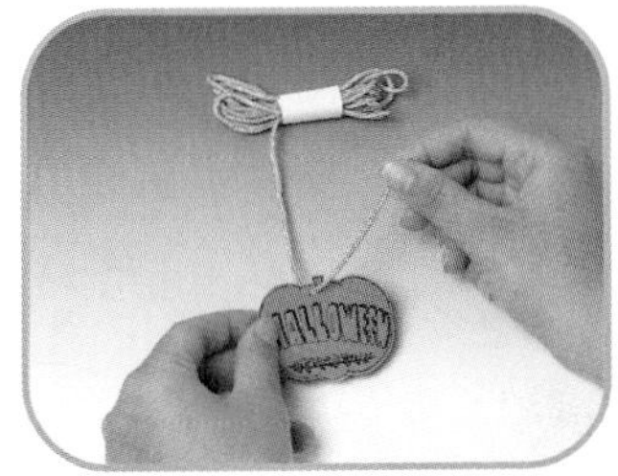

7 打洞後穿過繩子。

8 將裝飾用小卡片固定至盒子上。

HALLOWEEN

猜猜看萬聖節禮盒中有甚麼驚喜？

材料：包裝紙、緞帶。

wrapping 萬聖節

節慶包裝—halloween

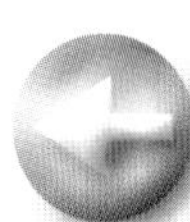

鏤空的禮盒也是經常被運用在包裝上，背襯深色的紙使其更明顯。

材料：瓦楞紙、緞帶。

1 在橘色瓦楞紙背後割出英文字及南瓜鬼臉。

2 在鏤空英文字及南瓜鬼臉後襯上深藍色亮面紙。

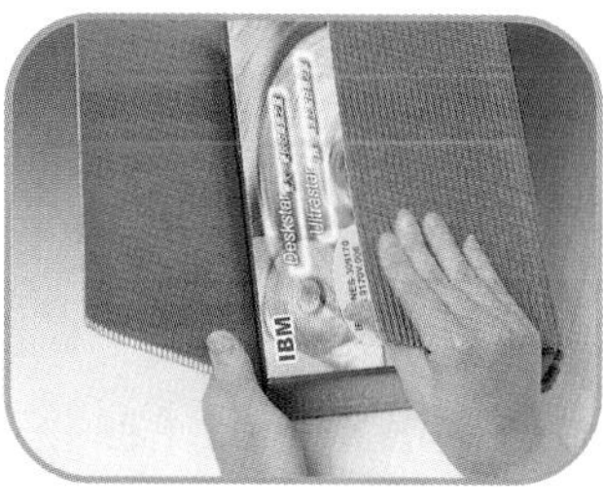

3 將橘色瓦楞紙包裹禮盒。

4 在盒子外用十字緞帶綁法。

鬼臉南瓜加上一點變化，即刻煥然一新。

材料：南瓜、泡綿、緞帶。

南瓜女巫

嘿～嘿～嘿
我就是躲在山洞中研究毒藥
準備毒害國王的壞女巫
可惜每次計謀總是不成功
但我不會放棄的

application

南瓜皇后

身為一國之母
是國王的精神支柱
掌管皇宮裡的大小事務

南瓜國王

我是南瓜國的國王
掌管國內大小事物
保護國內人民的安全
是我的責任

1 用黑色泡棉剪出眼睛及鼻子。

2 將剪好的物件貼至南瓜上。

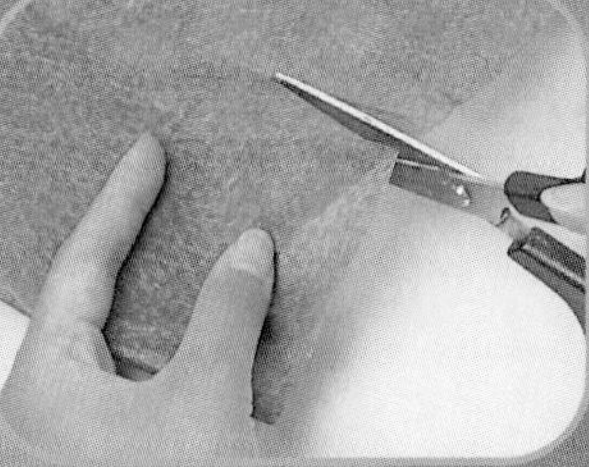

3 裁下一20×40cm的不織布包裝紙後對折。

4 將不織布包裝紙綁在南瓜上。

5 取另一條緞帶，做出緞帶花。

6 黏在南瓜上即完成。

wrapping. 聖 誕 節

節慶包裝—merry christmas

merry christmas

聖誕節是一年當中最後一個節目，為一年劃下一個完美的句點，迎接另一個年頭的來到。

雪花片片的聖誕節，大家坐在客廳談天，互相贈送禮物以表心意。

材料：包裝紙、束口袋、緞帶。

1 金色束口帶以V字型裝飾盒面。

2 基本緞帶打法加入金色束口帶。

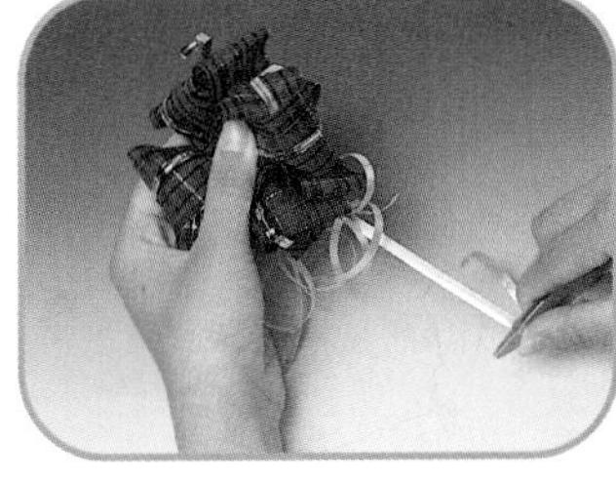

3 拿緞帶二條交叉固定在緞帶花上。

4 將所有緞帶花物件組合即完成。

MERRY CHRISTMAS

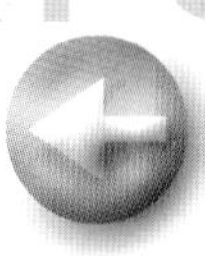

充滿創意的禮物，讓對方充滿溫馨。

材料：束口袋、緞帶。

1 用基本包裝法將禮盒包裝好。

2 用綠色束口帶裝飾盒面。

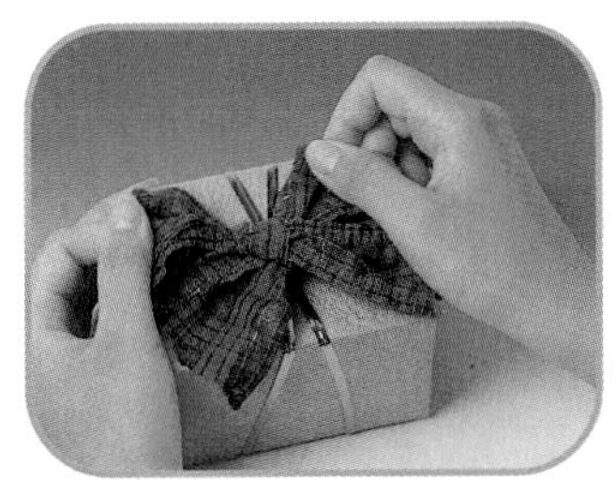

3 用緞帶花固定至盒面。

4 將最後的緞帶花綁上即完成。

wrapping. 聖　誕　節

節慶包裝—merry christmas

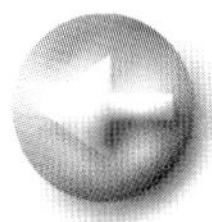

將花束與盒子結合，再配合紅與綠的搭配，聖誕節的氣氛越來越近。

材料：瓦楞紙、保麗龍、緞帶。

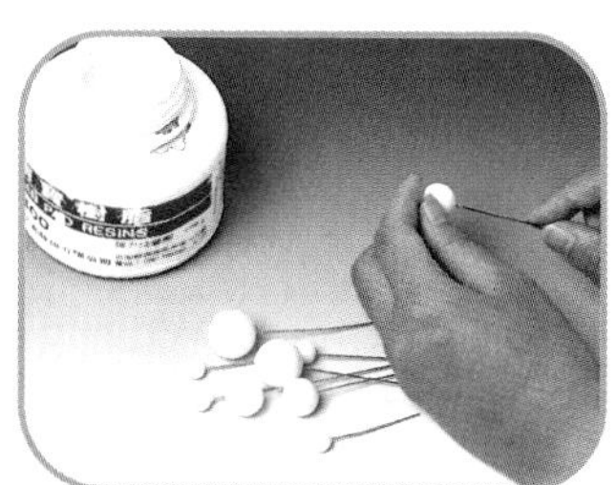

1 取一鐵絲黏至大小不同的保麗龍球上。

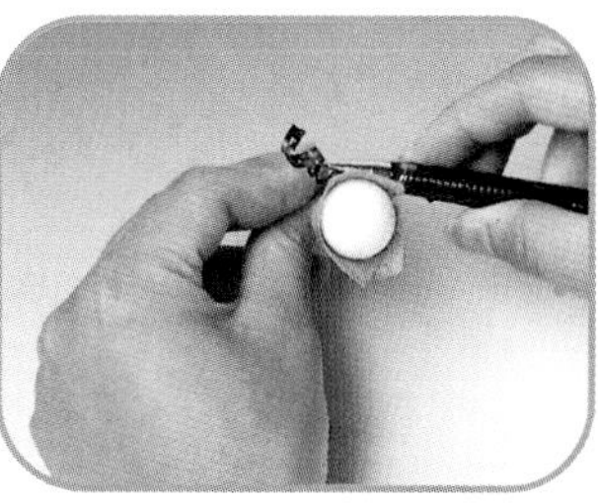

2 用不織布包裹保麗龍球，用綠色束口帶裝飾。

3 將數個保麗龍球集合成一束。

4 用緞帶花裝飾成為花束。

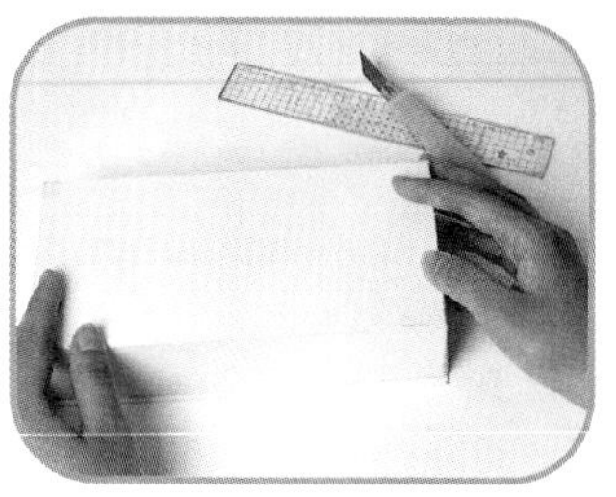

5 用厚紙板做出禮盒雛形。

6 綠色瓦楞紙割出所需大小。

7 將瓦楞紙黏至盒上。

1 拿銀色包裝紙用基本包裝法包裝。

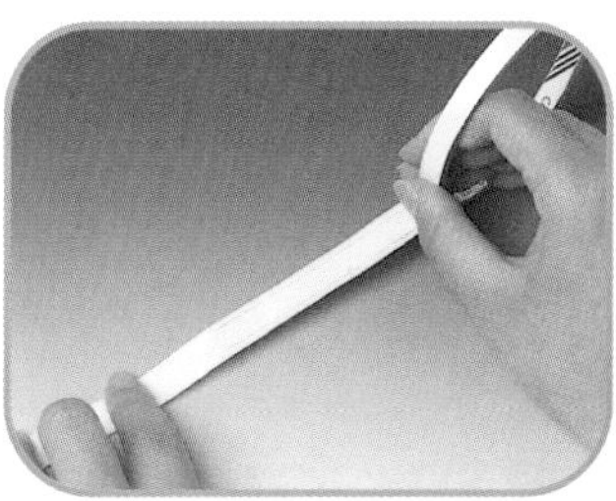

2 將雙面膠黏至白色緞帶上。

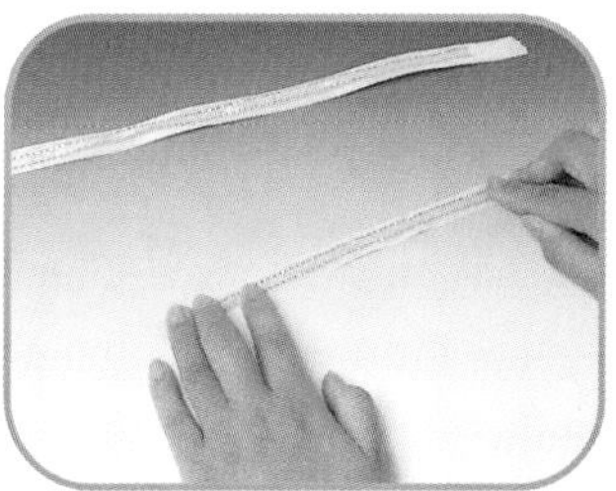

3 同圖2作法金色緞帶黏至白色緞帶上。

4 用銀色束口帶做出緞帶花。

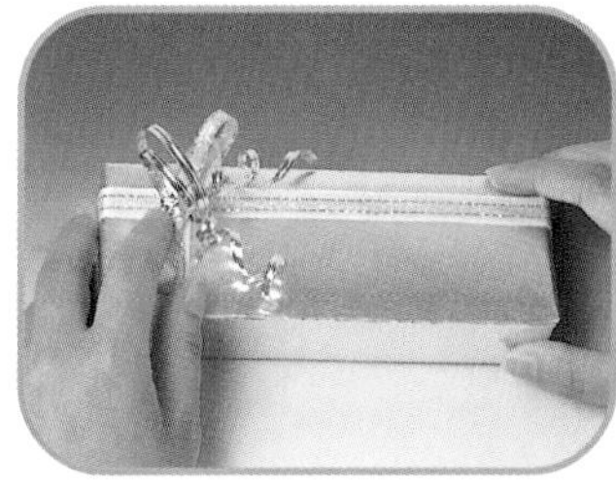

5 組合緞帶花及盒面即完成。

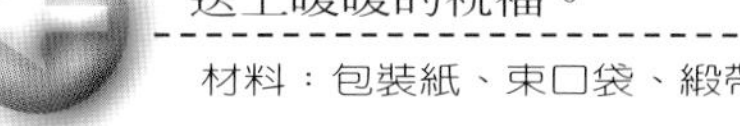

銀色聖誕，在冷冷的寒冬中送上暖暖的祝福。

材料：包裝紙、束口袋、緞帶。

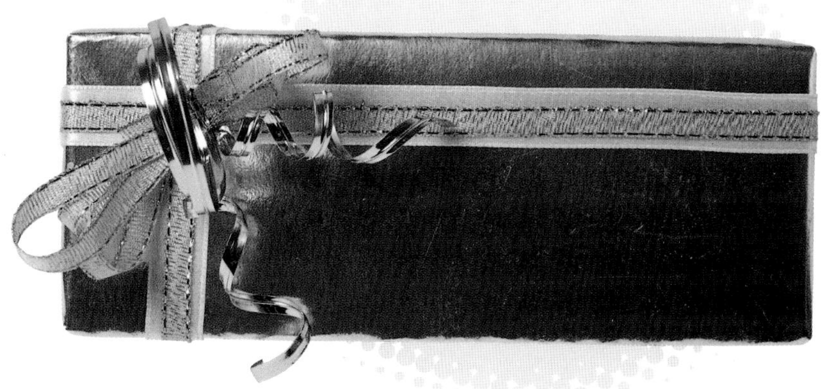

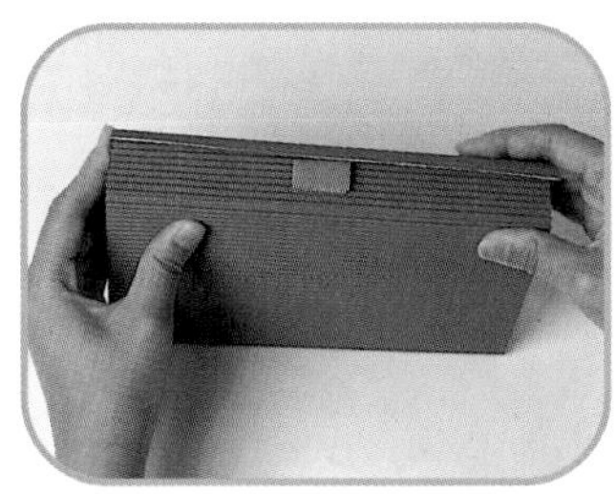

8 在開口處黏上魔鬼貼。

9 在盒面上黏上緞帶。

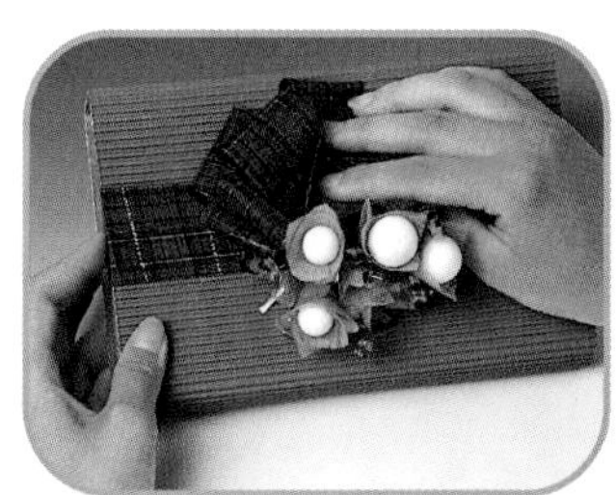

10 將物件組合在盒面，禮盒完成。

wrapping. 聖　誕　節

節慶包裝 merry christmas

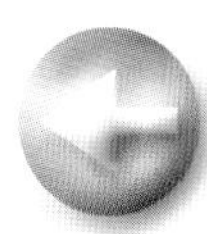

教堂鐘聲響，催促著人們來望彌撒。

材料：各色紙、轉印字。

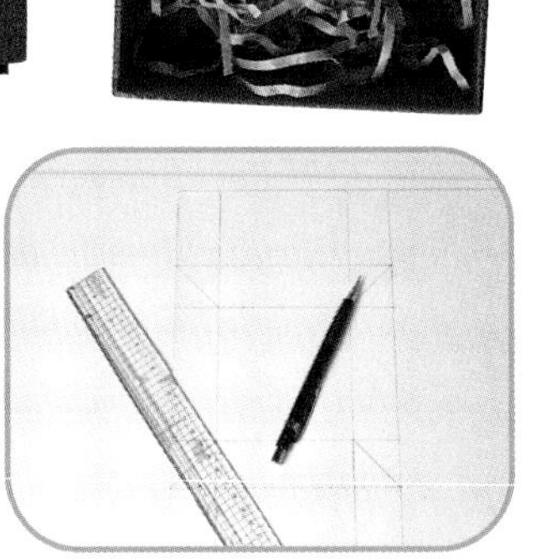

1 影印所需文字下襯淺綠色粉彩紙。

2 割下英文字後黏在深色紙上。

3 黏出立體的鈴噹。

4 將所有物件組合至上圖即完成。

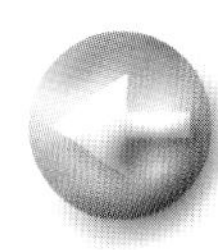

聖誕老人開懷大笑，將歡樂的氣氛感染每一個人。

材料：各色紙、包裝紙。

1 在紙上繪出盒子的展開圖。

2 割出展開圖後折出盒子的立體。

3 在盒子的外層黏上包裝紙。

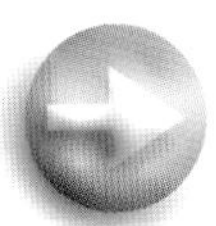

雙層包裝使得禮盒更有層次感。

材料：棉紙、松果、緞帶。

application

MERRY CHRISTMAS

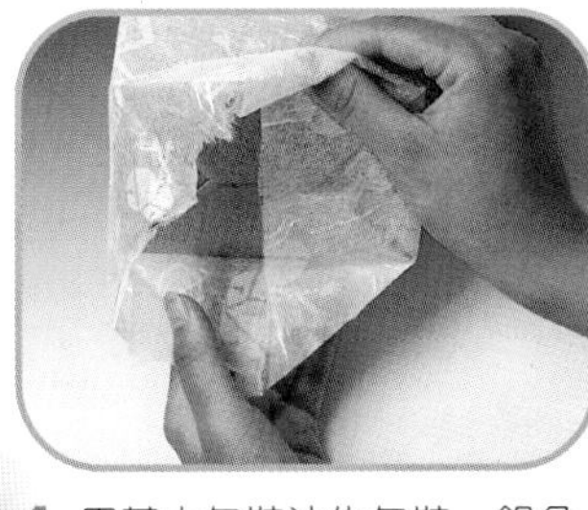

1 用基本包裝法先包裝一銀色盒子外包棉紙。

2 將印有聖誕節圖形的棉紙包裝好。

3 裝飾上緞帶花及松果即完成。

4 做好內、外盒備用。

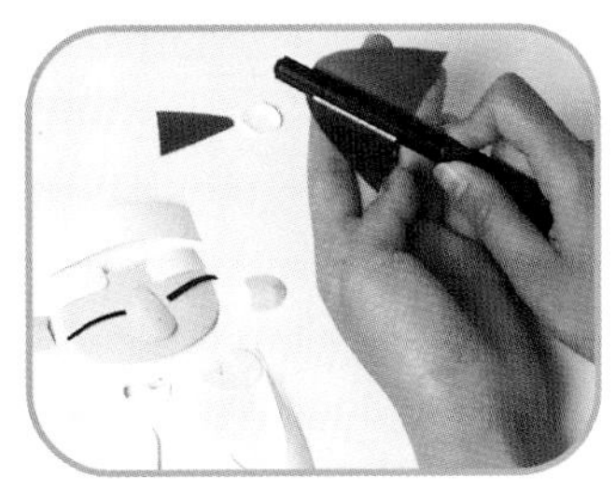

5 依上圖所示做出聖誕老公公的物件，用筆壓出弧度。

6 將所有物件依序黏在盒子上即完成。

wrapping 父親節、母親節

節慶包裝— the father's day the mother's day

the father's day the mother's day

謝謝爸爸為了一家生計，終年在外忙碌奔波，獻上一份小小的禮物，希望您會高興。

媽媽是家中的支柱，掌管一家大小的飲食起居，每件事只要一經過她的手，便會服服貼貼。

application

THE FATHER'S DAY

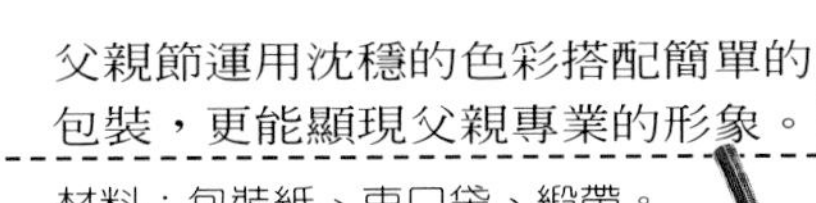

父親節運用沈穩的色彩搭配簡單的包裝，更能顯現父親專業的形象。

材料：包裝紙、束口袋、緞帶。

1 量出盒身所需長度，長度需多留半個盒身長。

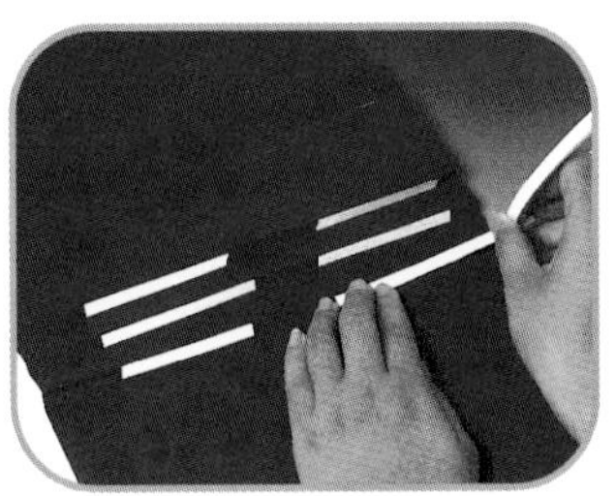

2 摺出皺摺，在皺摺處用雙面膠固定。

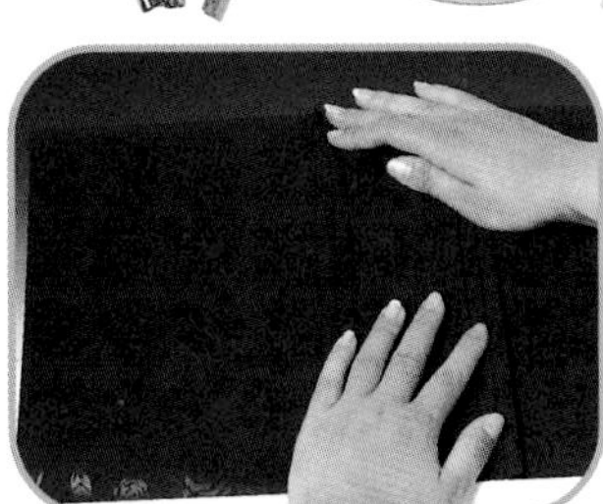

3 在中央處留出6cm寬度，皺摺處間隔1cm。

4 將皺摺置於盒面正中央，中央重疊黏合。

5 兩端用雙面膠黏合。

6 最後在包裝盒上黏上緞帶花即完成。

wrapping 父親節、母親節

節慶包裝 the father's day the mother's day

想不到茶葉罐也能有那麼現代的包裝吧！

材料：包裝紙、緞帶。

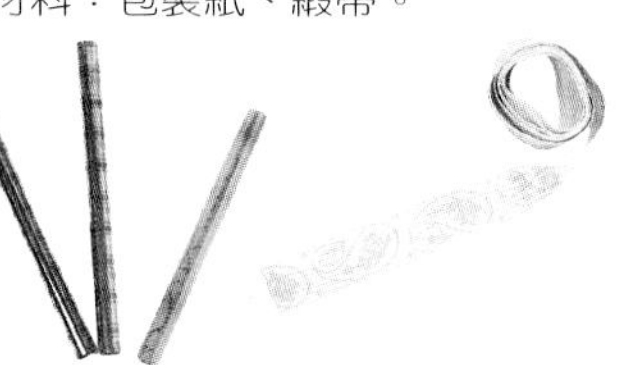

1 將茶葉罐用包裝紙環繞盒身，底部依圖固定。

2 盒頂端依圖捏出。

3 用緞帶固定盒子，頂端綁出提把處，增加實用性。

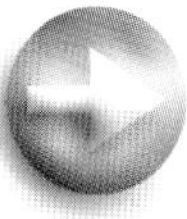

兩層包裝讓禮盒更加華麗。

材料：包裝紙、緞帶。

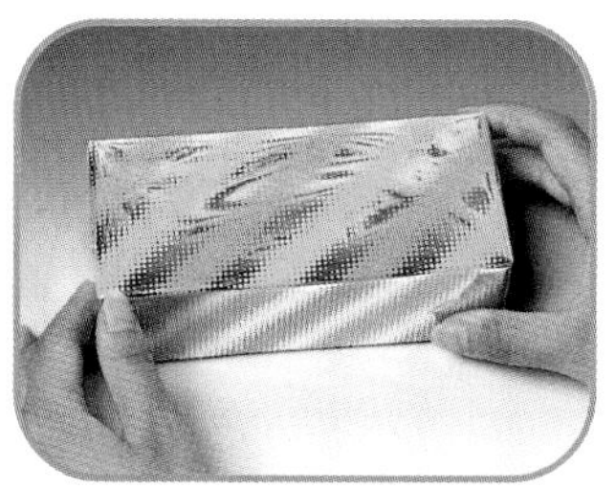

1 拿金色包裝紙包裝盒子。

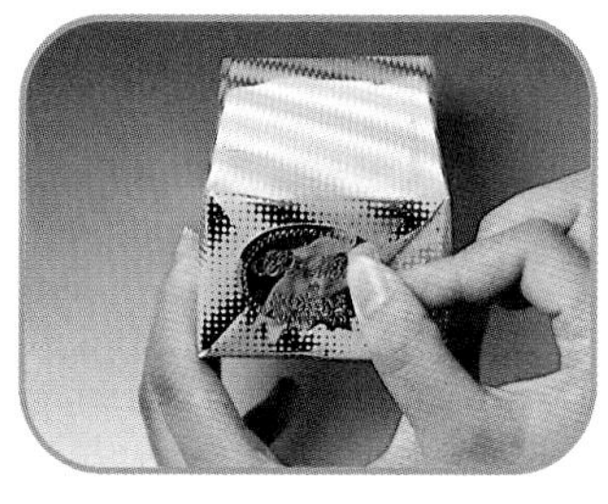

2 兩端用貼紙固定。

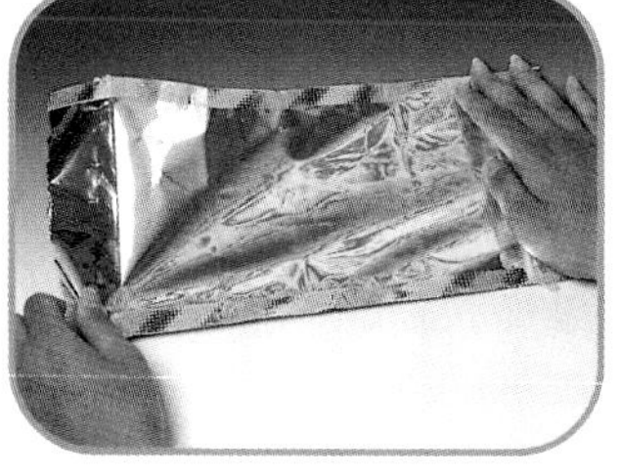

3 取另一張寬度相等的包裝紙。

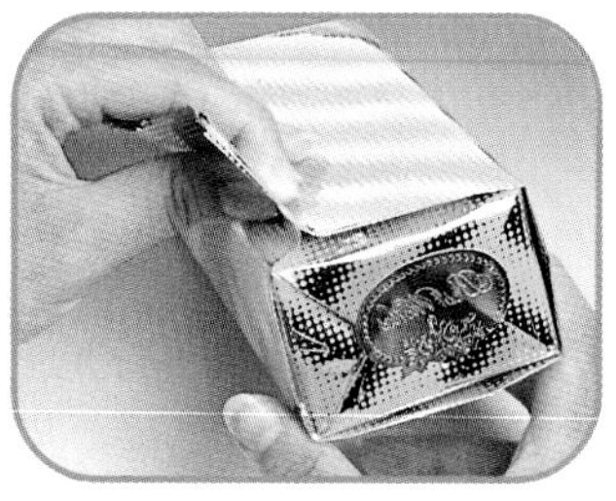

4 依上圖包裹盒子，但要露出內盒的兩端。

5 黏上緞帶裝飾即完成。

the father's day

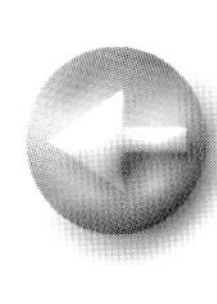

領帶獨特的包裝，不管送禮或收藏都適合。

材料：包裝紙、領帶。

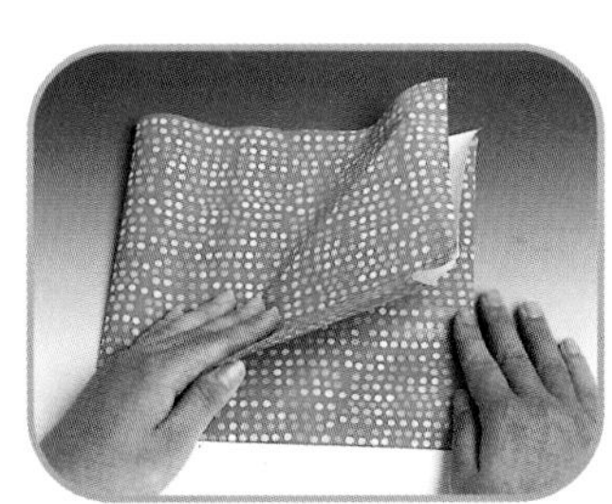

1 將正方形紙張對折二次。

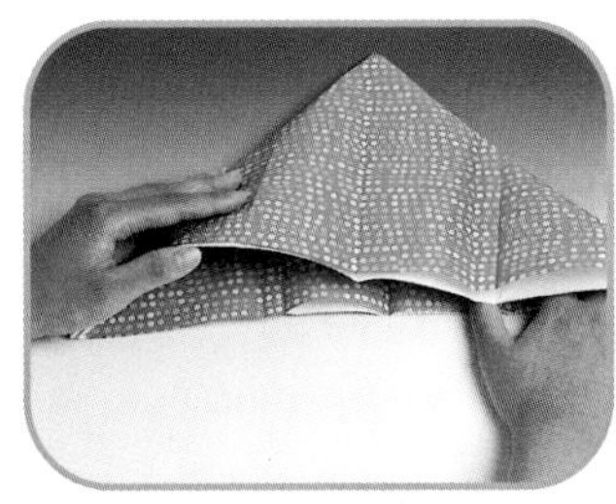

2 再將相同的紙線依對角對折兩次。

3 依上摺出摺痕，摺出如上圖形。

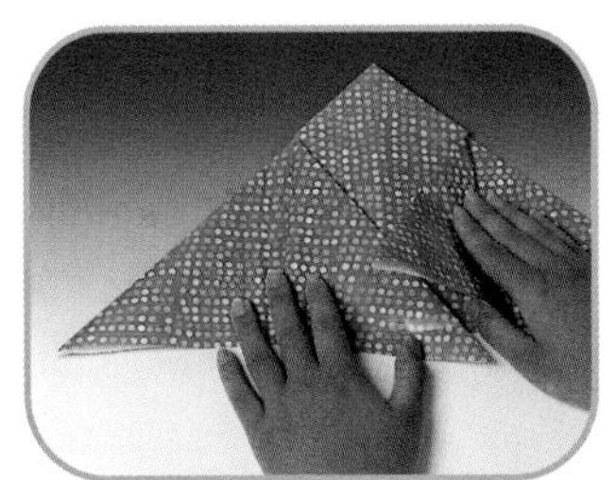

4 將二角往內對摺，留出空間。

5 用雙面膠固定底面。

6 再將剩餘二角往內摺。

7 將領帶對摺多次後，用束口帶固定。

8 將領帶放入袋中即完成。

爸爸喜歡收藏洋酒，就讓它穿上衣服成爲最耀眼的禮物。

材料：包裝紙、緞帶、酒瓶。

1 將包裝紙底部拉出如上圖摺痕。

2 將剩餘的紙張側邊貼上雙面膠。

1 將包裝紙摺出皺摺後包裝書本。

2 將包裝紙兩端摺出相同角度，為衣領。

3 將包裝紙環繞書本。

4 將兩端用雙面膠收尾。

5 用相同的包裝紙做出口袋，放入紗網當成手巾。

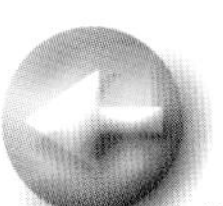

喜歡閱讀的爸爸，送書最適合了，不過，包裝眞是讓我傷透腦筋呢！

材料：包裝紙、領帶。

3 用蕾絲緞帶做出花朵。

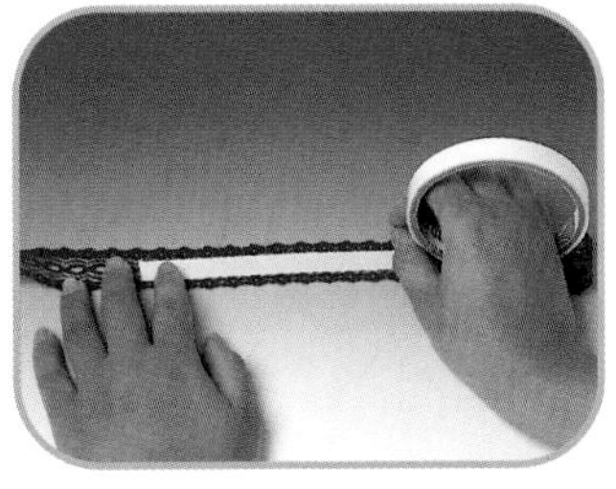

4 剩下蕾絲緞帶背後貼上雙面膠。

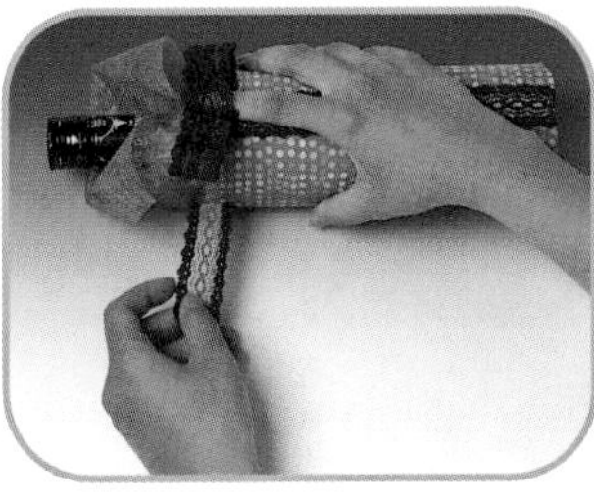

5 將緞帶及緞帶花黏至酒瓶上即完成。

wrapping.新婚 節慶包裝－happy wedding

happy wedding

「有情人終成眷屬，經過之前的風風雨雨終於可以邁向紅毯的另一端，白頭到老。

親愛的老婆，以後餐桌上終於不會只有一雙筷子了。

材料：包裝紙、筷子。

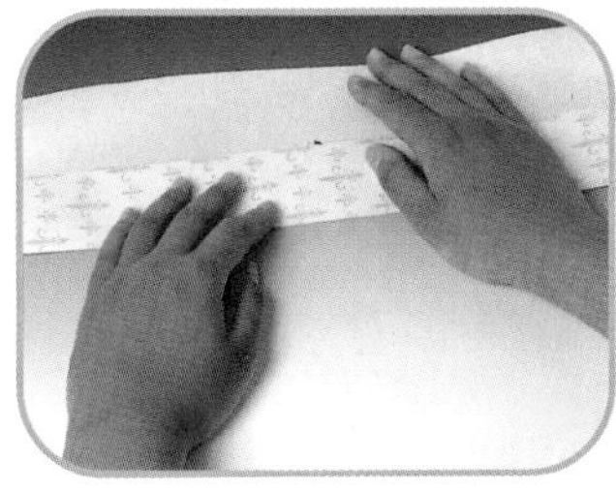

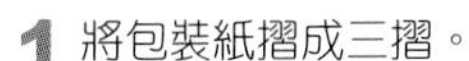

1 將包裝紙摺成三摺。

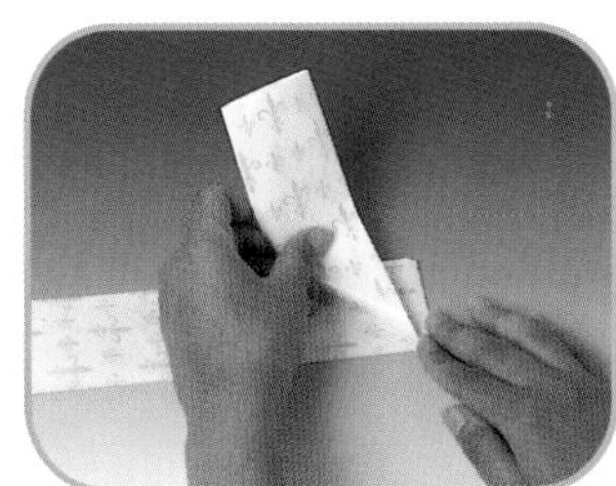

2 其中一端摺出直角。

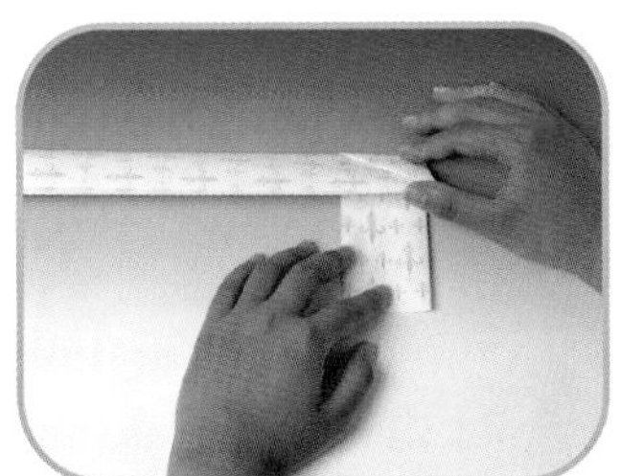

3 摺出三角形後往後摺。

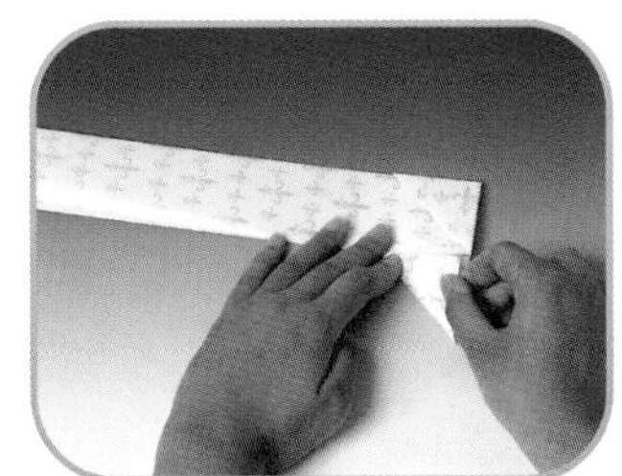

4 剩餘的紙張摺成三角形。

5 將摺好的三角形塞入斜角中。

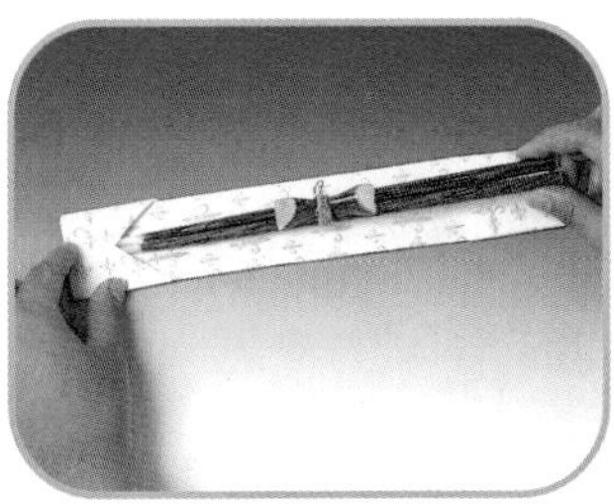

6 另一端，如上述完成，最後放入筷子後完成。

wrapping. 新　婚
節慶包裝—happy wedding

application

純白的禮盒，代表我愛妳的心。

材料：包裝紙、瓦楞紙、緞帶。

1 用白色包裝紙包裹禮盒。

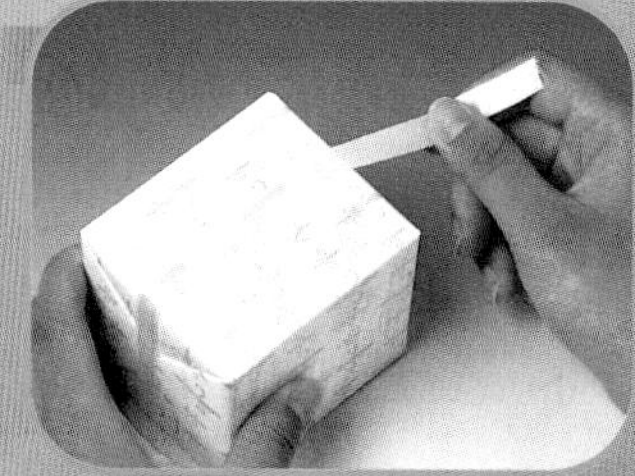

2 用白色緞帶環繞盒身。

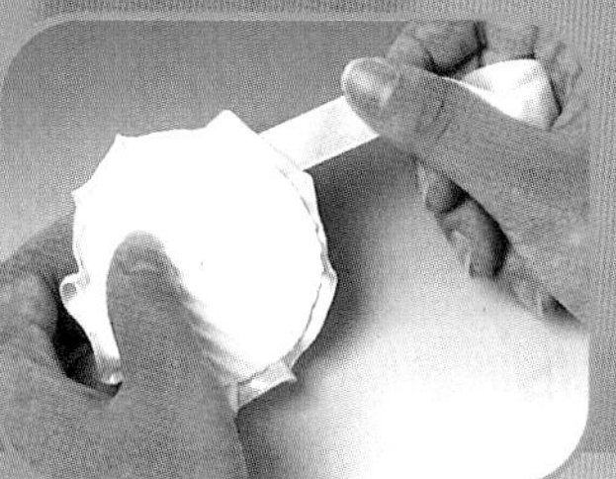

3 用割圓器割出白色瓦楞紙，旁用緞帶繞花邊。

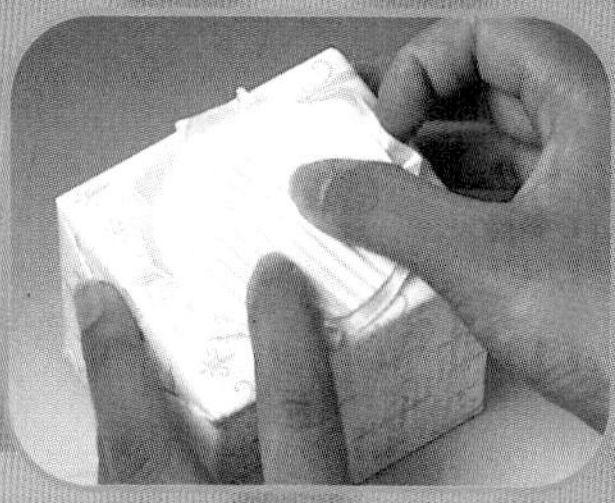

4 將緞帶花組合至盒面。

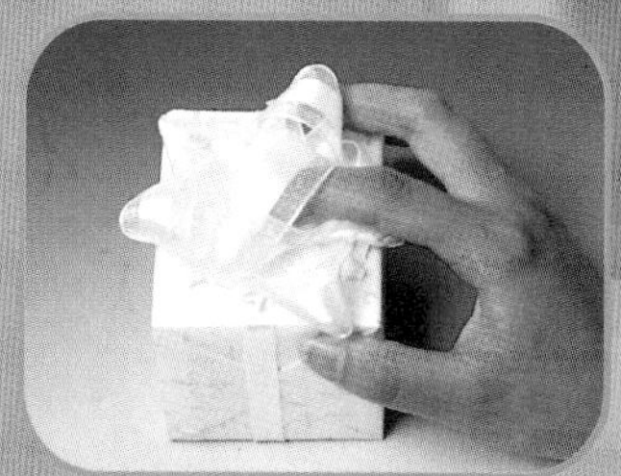

5 將白色緞帶花黏至盒頂即完成。

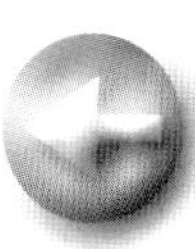

這是我對新人的祝福，祝你們白頭偕老。

材料：包裝紙、緞帶。

1 先準備一個純白的禮盒。

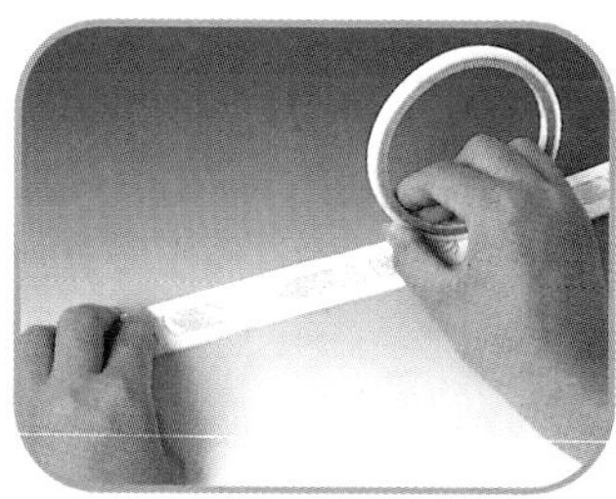

2 在緞帶背後黏上雙面膠。

亮彩的禮盒更能襯托出新婚的喜氣。

材料：包裝紙、緞帶。

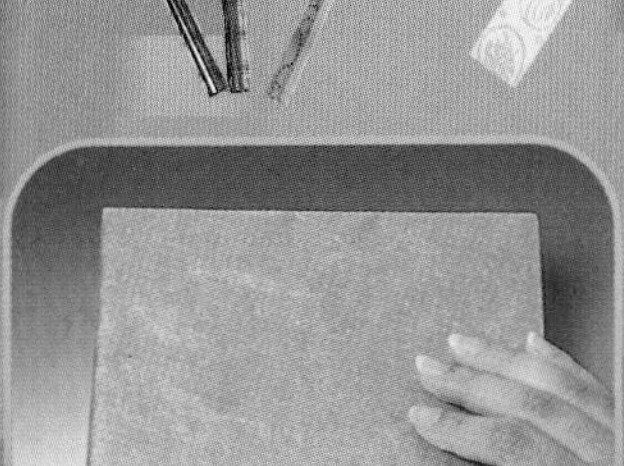

1 用粉亮包裝紙包裝盒子。

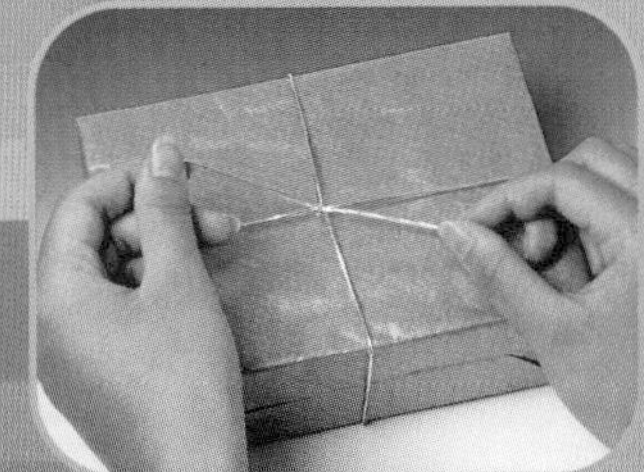

2 用銀色伸縮帶以十字緞帶法固定。

3 取白色較寬緞帶及銀色金蔥緞帶打成緞帶花。

4 將緞帶花固定至盒面上。

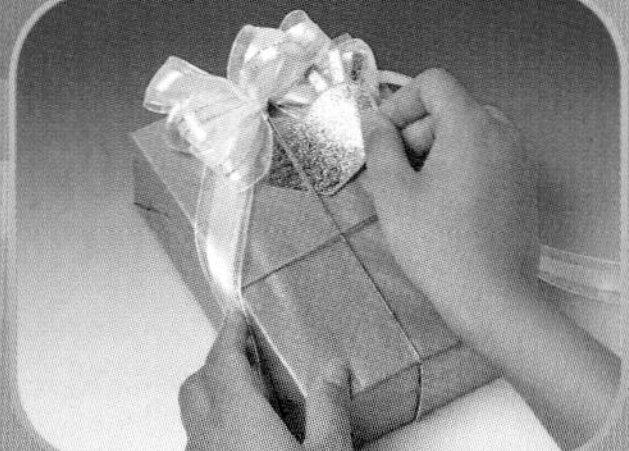

5 將裝飾用小卡片綁在繩子上。

happy wedding

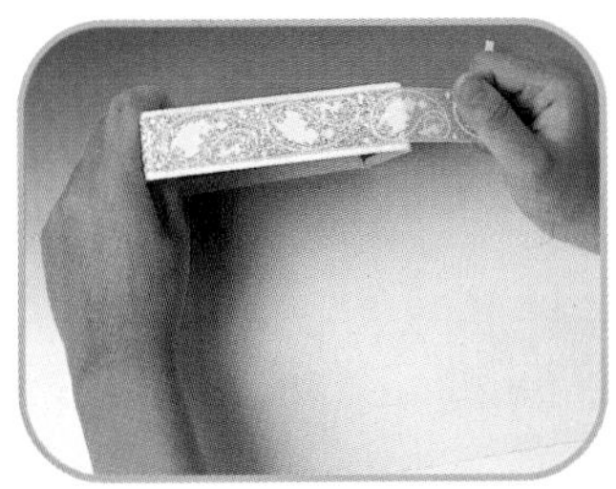

3 將緞帶貼在盒蓋邊緣。

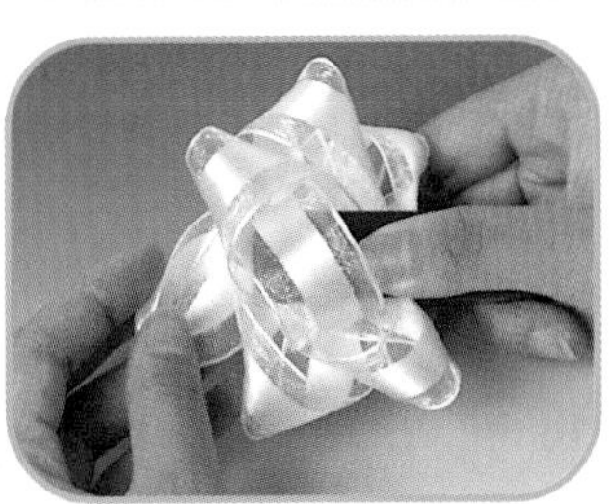

4 用白色緞帶做出緞帶花。

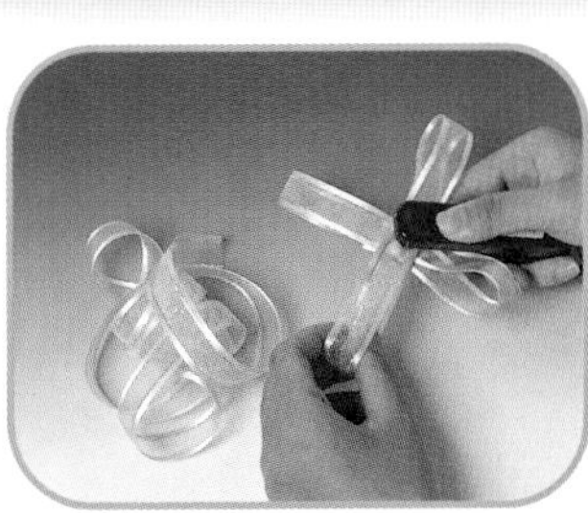

5 拿另一條同款式但不同色的緞帶做花備用。將二種緞帶花組合在一起黏在盒蓋上即完成。

wrapping■新婚

節慶包裝—happy wedding

親愛的，妳願意嫁給我嗎？

材料：錦布、戒指、緞帶。

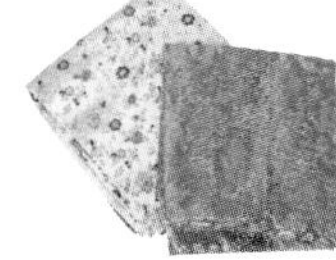

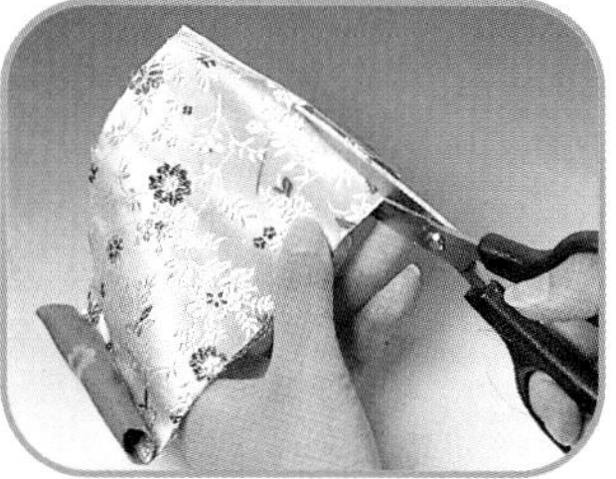

1 裁下一段錦布備用。

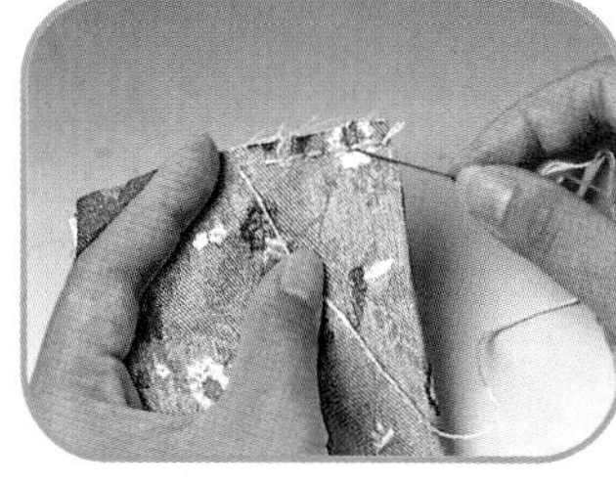

2 將錦布的三面用迴針縫合，留下一邊塞棉花。

3 將錦布翻回正面，塞入棉花後將缺口縫合。

4 在盒中放置二塊同樣的錦布，中央放入戒指。

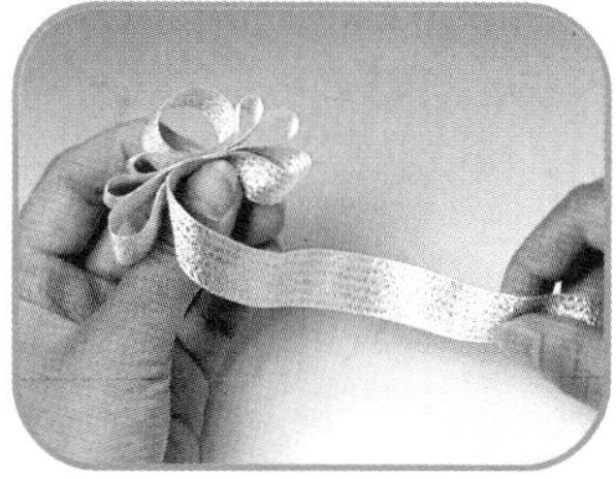

5 用與錦布同色系的緞帶打成緞帶花。

6 將緞帶花固定至盒子上。

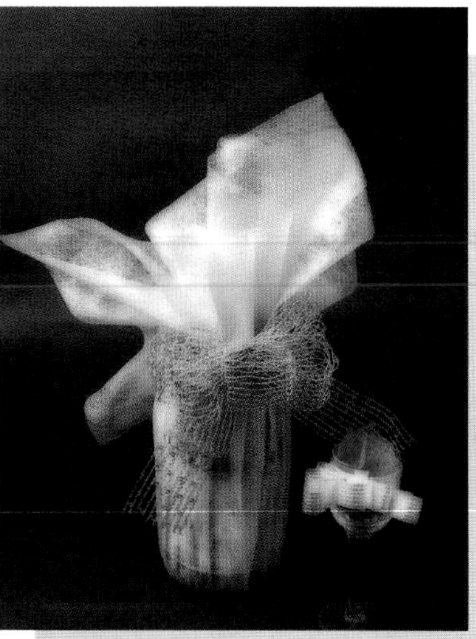

喝著香檳，享受浪漫寂靜的夜晚。

材料：酒、杯子。

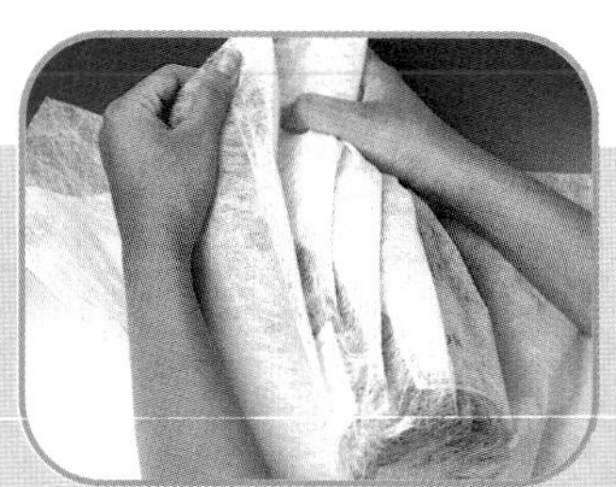

1 拿一不織布包裝紙一手固定瓶口，另一手拉出皺摺。

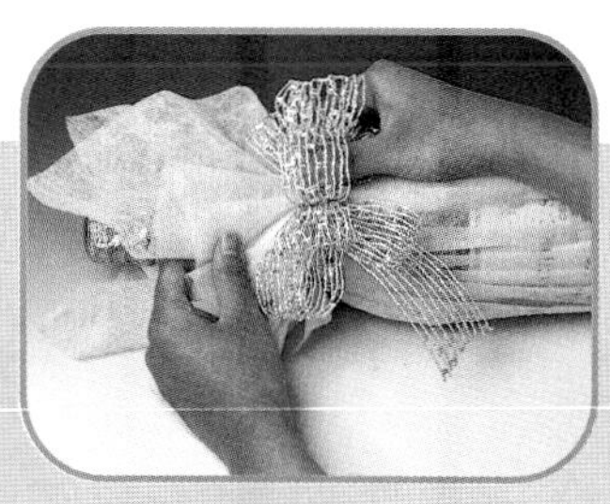

2 將緞帶花組合在酒瓶上。

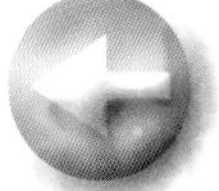

多添一雙碗筷，身邊多了一個伴侶，這就是新婚的生活，雖然平淡卻甜蜜。

材料：碗、筷子、緞帶。

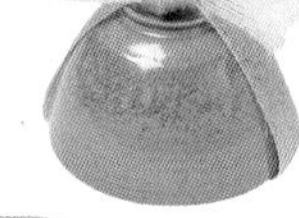

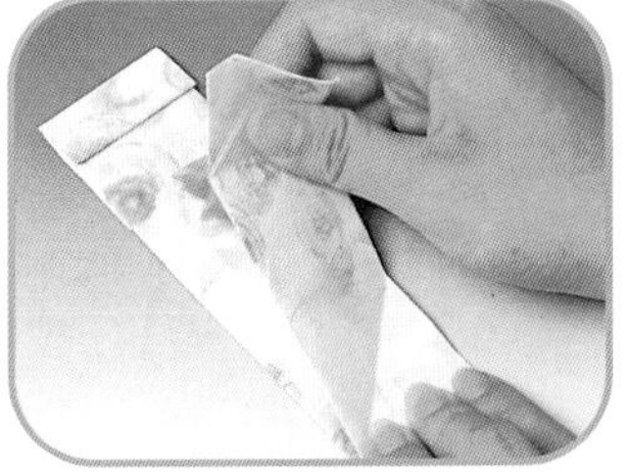

1 拿包裝紙分成三等份摺合後再對摺。

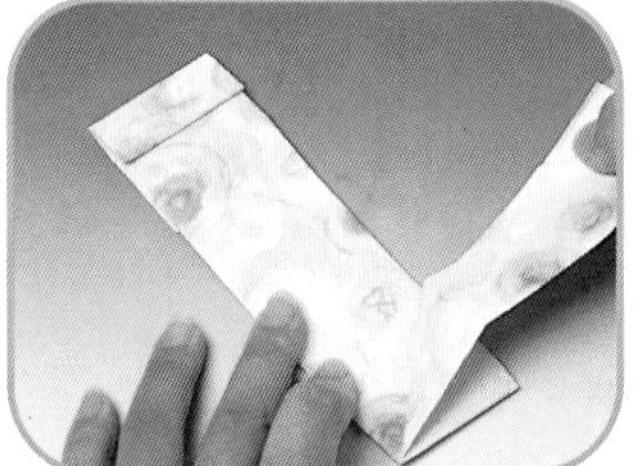

2 取一端摺成直角。

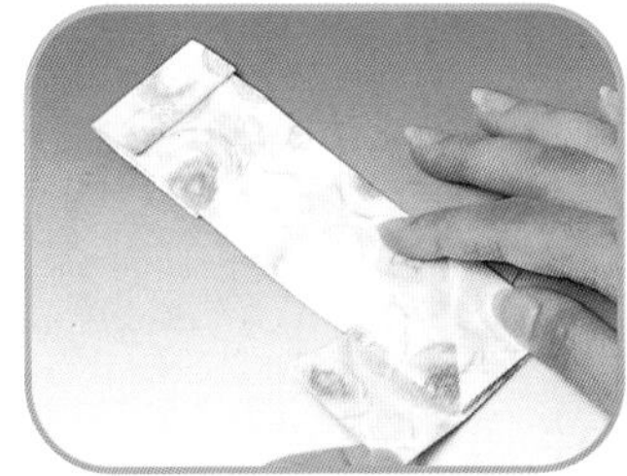

3 將紙條往後摺。

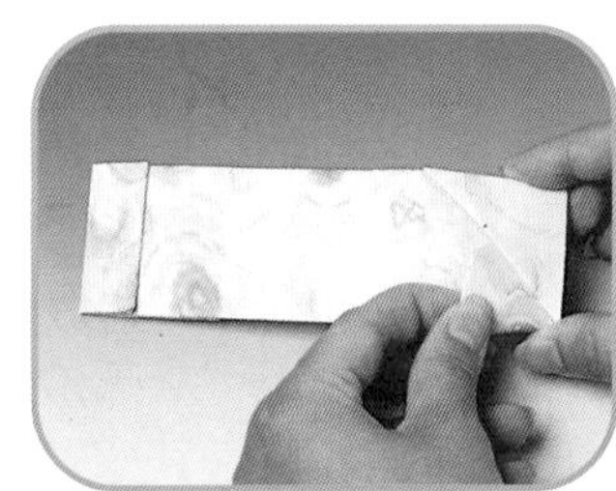

4 塞入三角摺縫中。

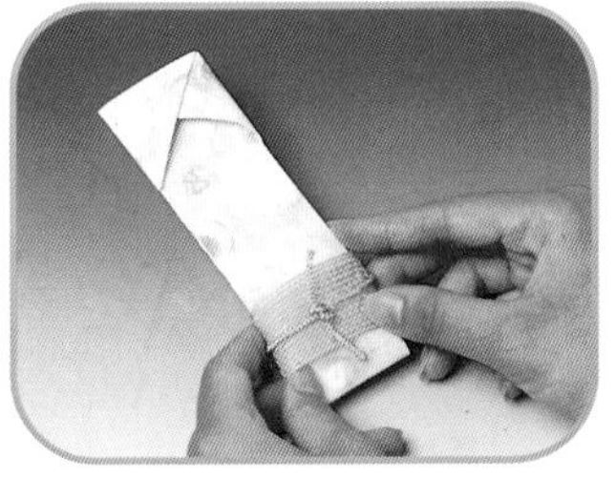

5 另一端用麻紗緞帶裝飾。

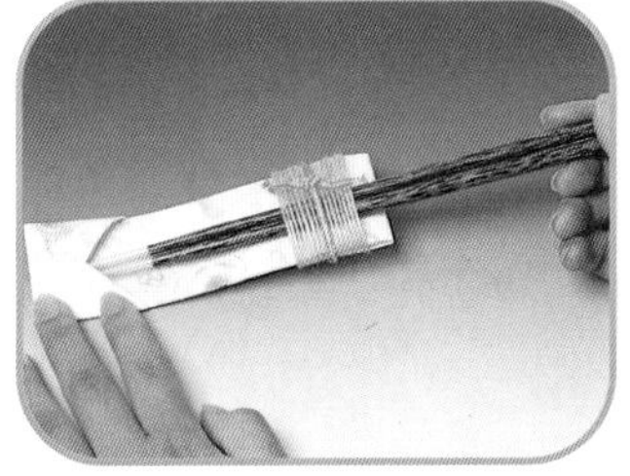

6 放入筷子即可。

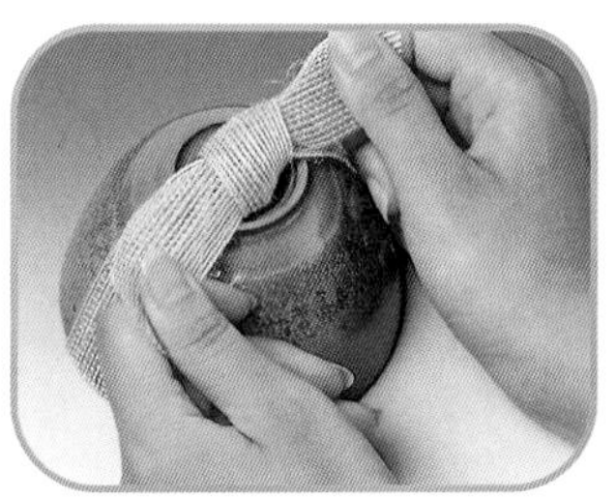

7 同色系的碗也用同樣的緞帶裝飾。

3 用緞帶做出緞帶花。

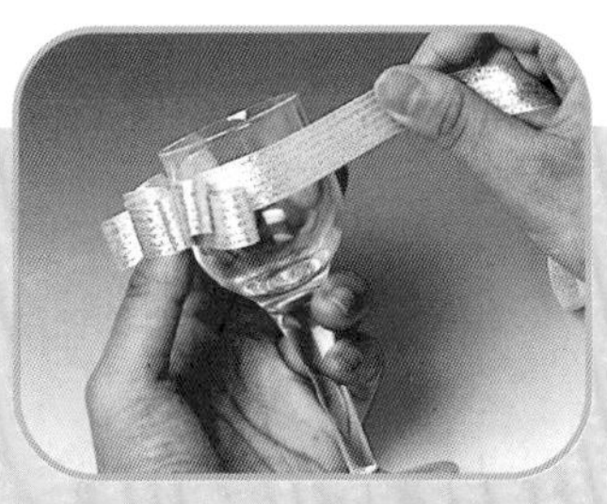

4 將緞帶花黏在酒杯上。

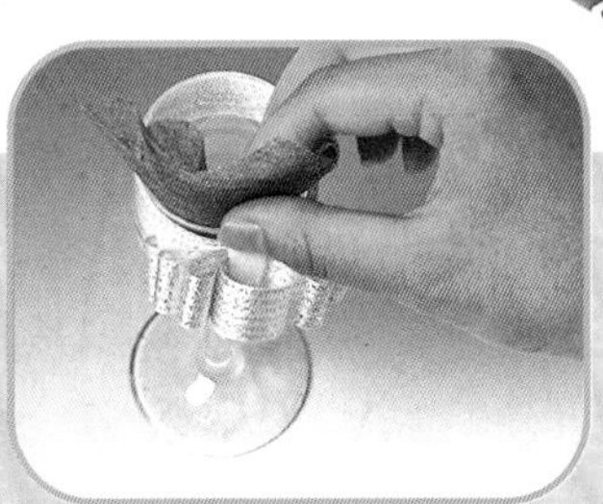

5 在杯中放入不織布襯底，即完成。

wrapping.生日
節慶包裝－happy birthday

happy birthday to you

祝你生日快樂，為你精心準備的禮物希望你會喜歡。

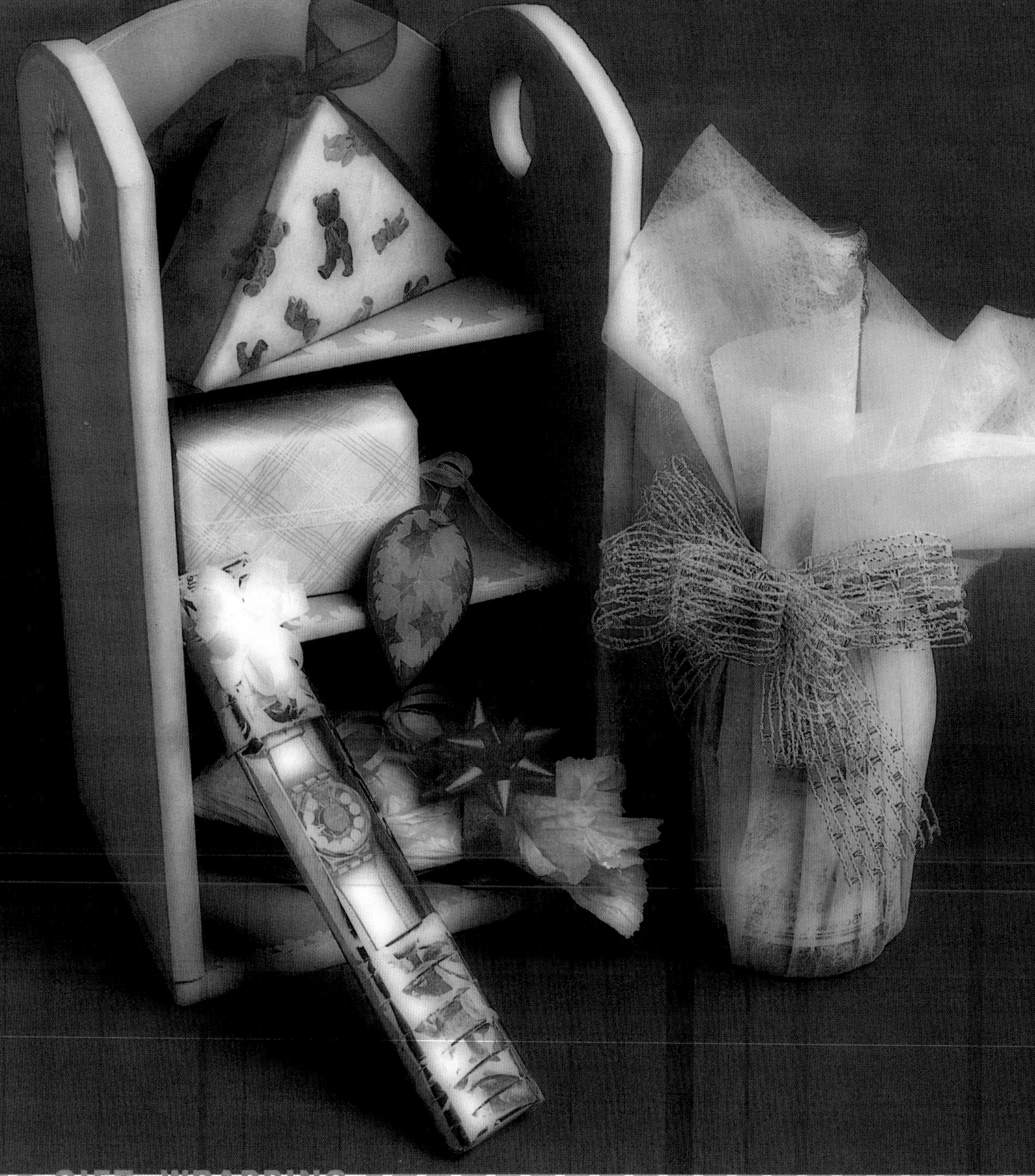

happy birthday

透明的塑膠布不僅帶有光澤，即使下雨也不怕禮物淋溼。

材料：包裝紙、緞帶、塑膠布。

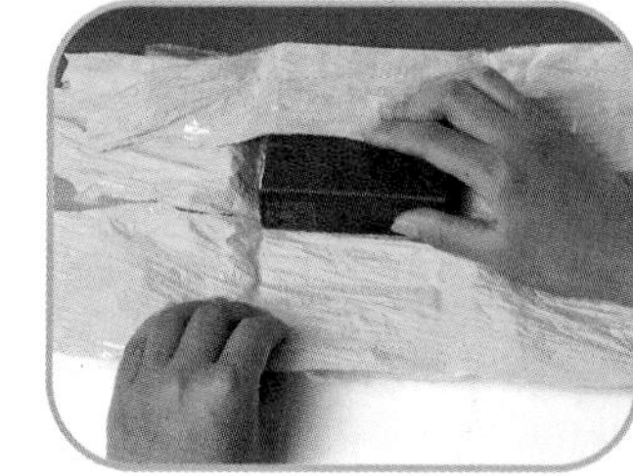

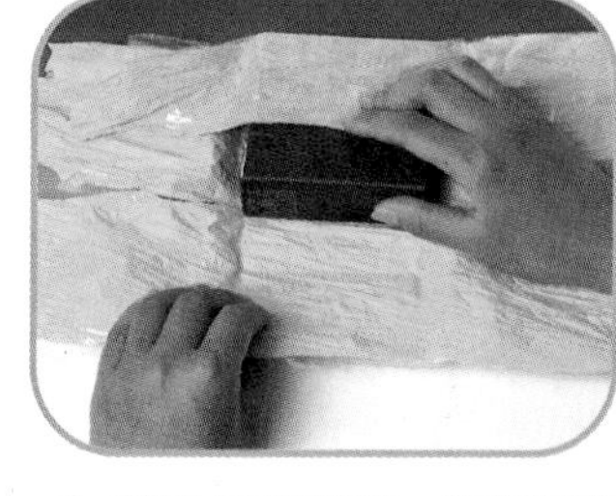

1 攤開皺紋紙後襯一張透明塑膠布，將禮盒包在其中。

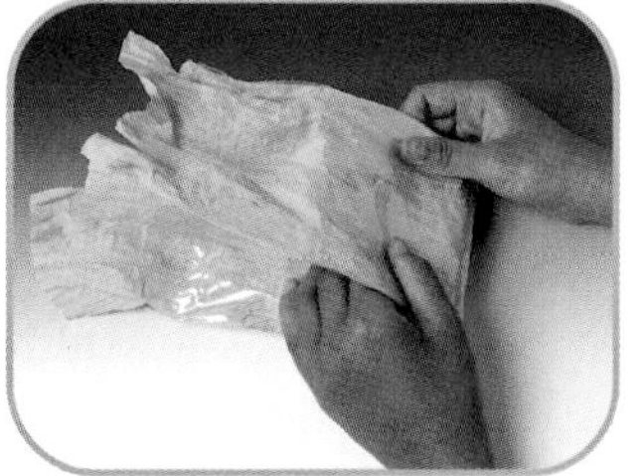

2 將禮盒上下對摺。

3 固定禮盒的封口。

4 裝飾上緞帶花即完成。

沐浴用的小熊，露出熊頭對著我微笑，讓我忍不住買下它。

材料：包裝紙、緞帶、禮物。

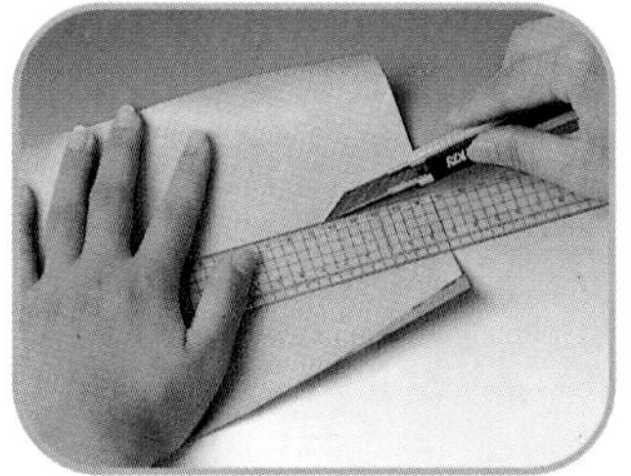

1 取一包裝紙，找出中心點，往內割約5公分。

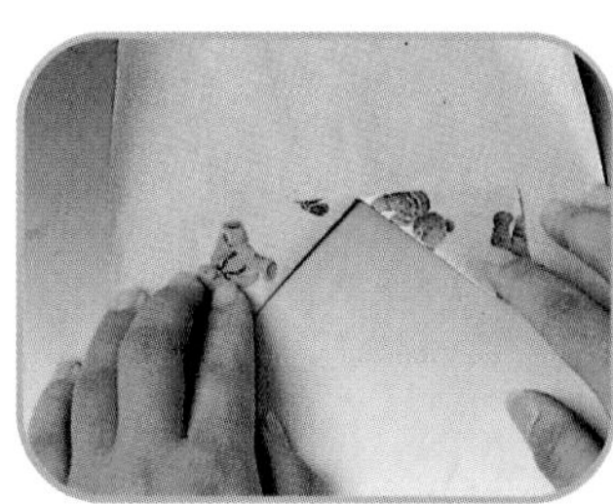

2 往外摺出兩個三角形。

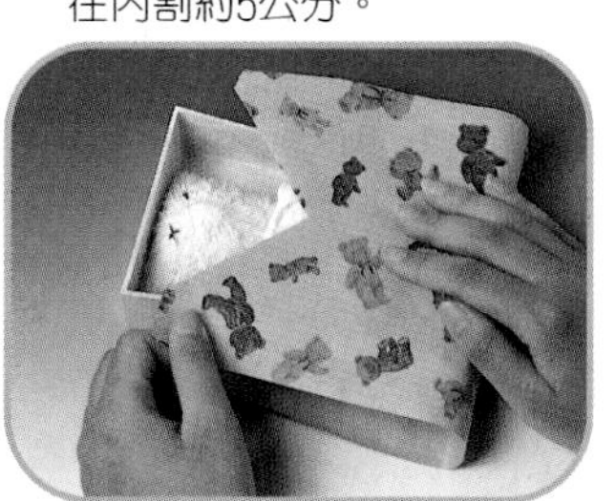

3 將包裝紙包裹禮物，但需露出禮物上半部。

4 綁上緞帶裝飾即完成。

wrapping．生日

節慶包裝－happy birthday

精緻的鍊錶，捨不得將它完全包裹起來。

材料：鍊錶、花布、包裝紙。

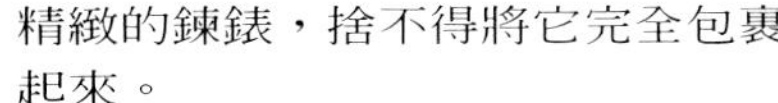

happy birthday

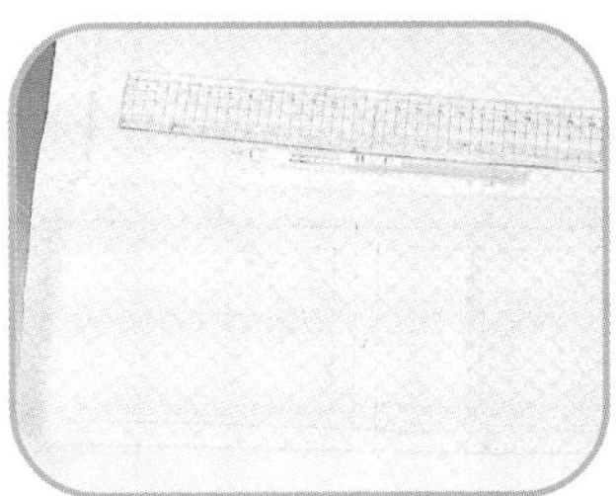

1 在花布背後繪出所需大小。

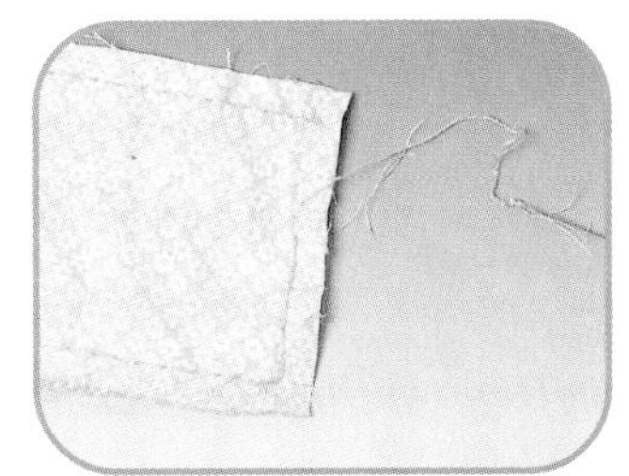

2 將正面相對，四邊用迴針縫法縫合，留下一缺口。

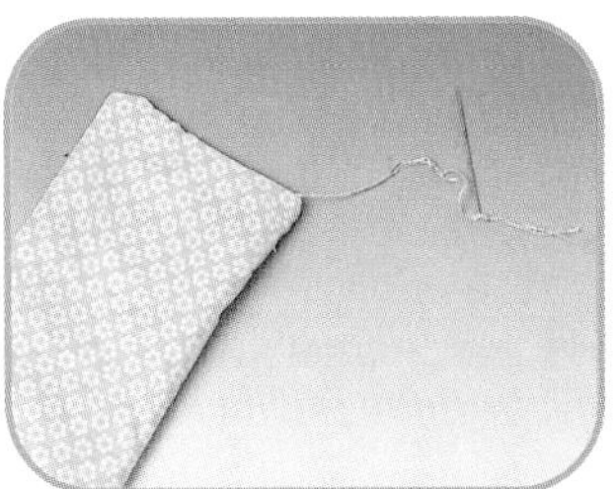

3 將袋子翻正面。

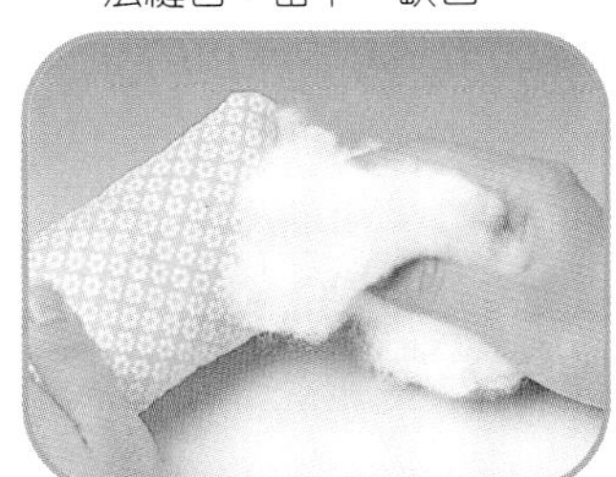

4 塞入棉花後將缺口縫合。

5 將鍊錶固定在袋子上。

6 將包裝紙的二邊往內折。

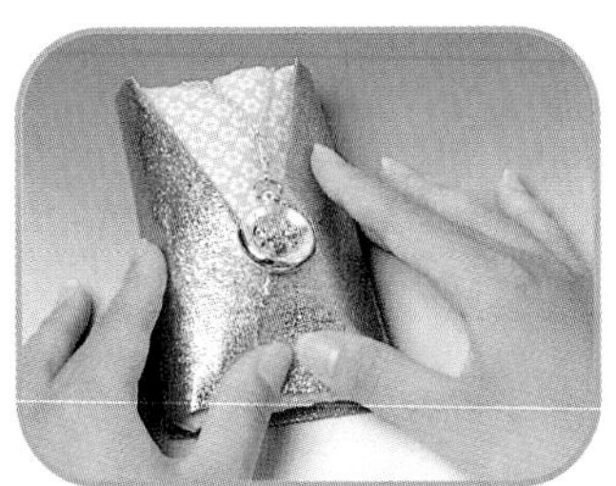

7 將包裝紙包住鍊錶。

8 在包裝紙上綁上緞帶。

1 拿一白色皺紋紙摺出寬約1公分的皺摺。

2 背黏上雙面膠固定皺摺。

3 裁下相同長度的彩色瓦楞紙，但不要遮蓋皺摺。

4 用束口帶固定，用筆捲出彎度即可。

猜猜看裡面是甚麼？

材料：包裝紙、瓦楞紙、束口帶。

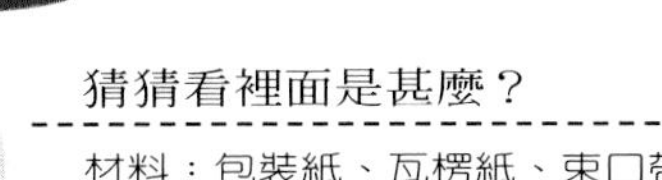

重點式的包裝法，禮物一目了然。

材料：包裝紙、手錶。

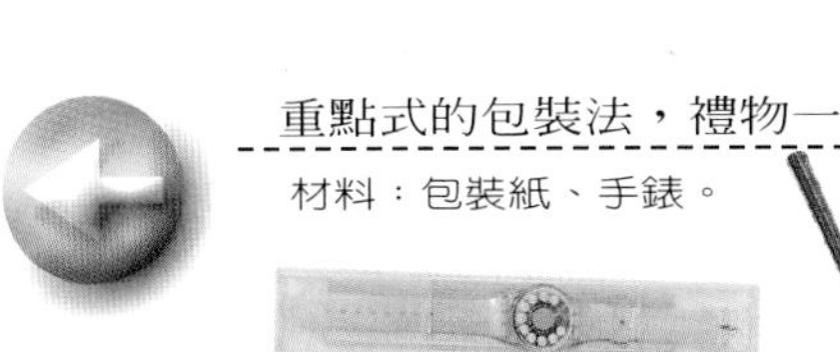

1 將包裝紙重疊呈波浪狀。

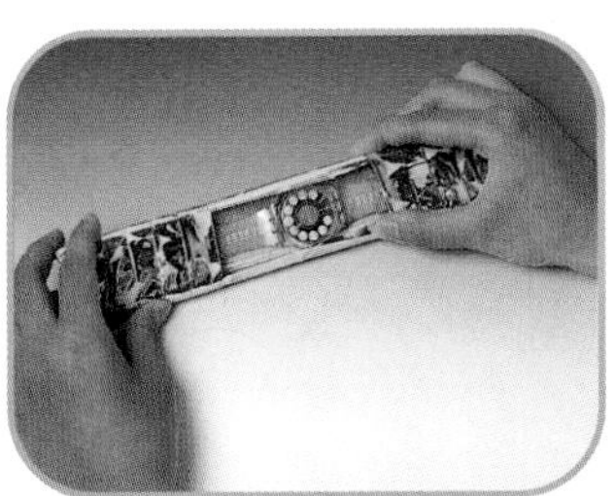

2 將包裝紙包裹手錶錶盒，但需露出錶面。

3 用白色緞帶做成緞帶花。

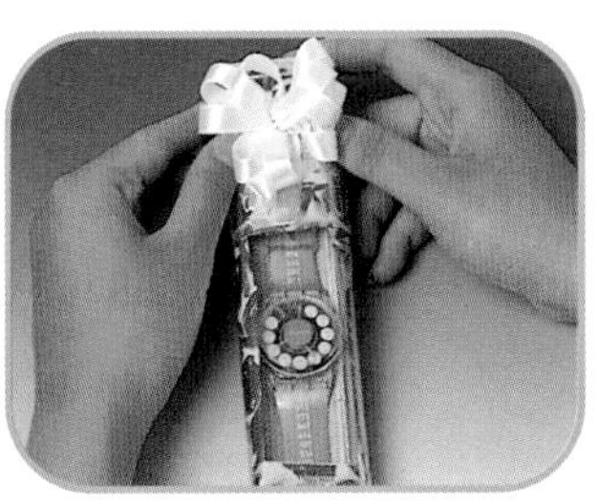

4 將緞帶花固定至手錶上。

wrapping. 生日

節慶包裝—happy birthday

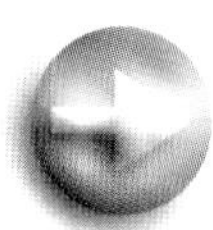

最喜歡妳身上的香水味，淡淡的花香使我著迷。

材料：香水、塑膠布。

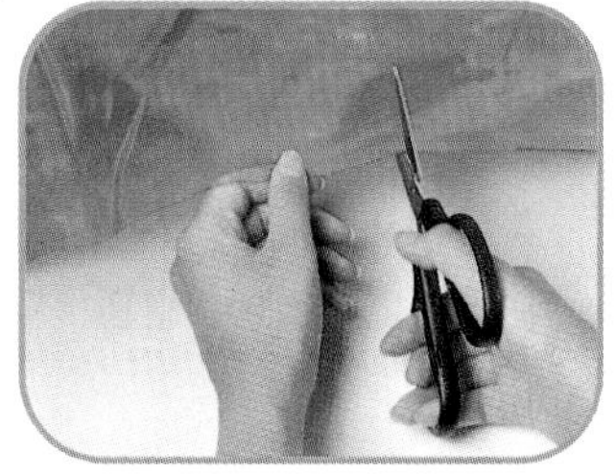

1 裁下所需大小藍色塑膠布。（依香水尺寸有所調整。）

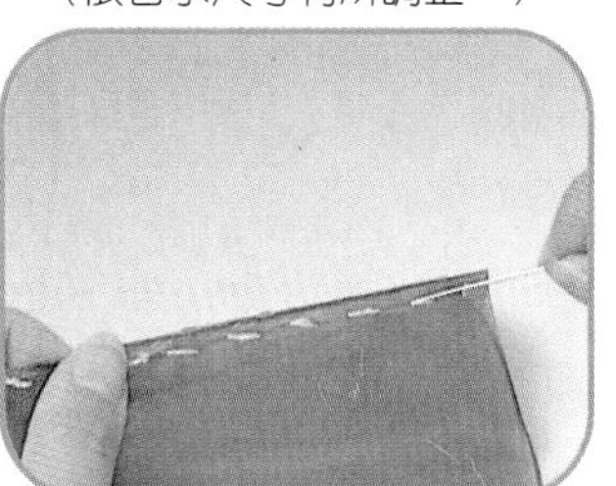

2 將袋子的四邊縫合。

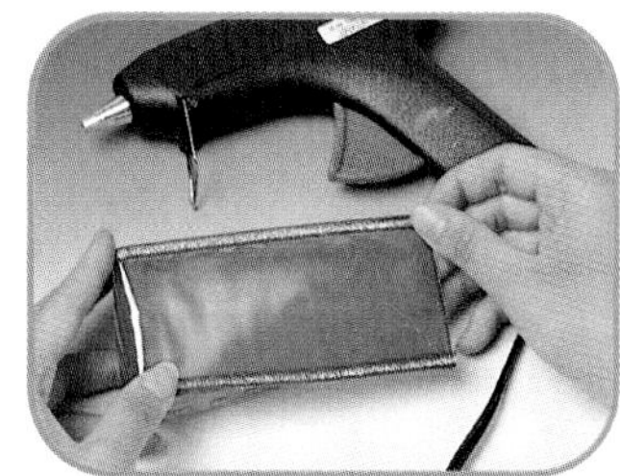

3 用紫色的細緞帶黏至縫合的邊。

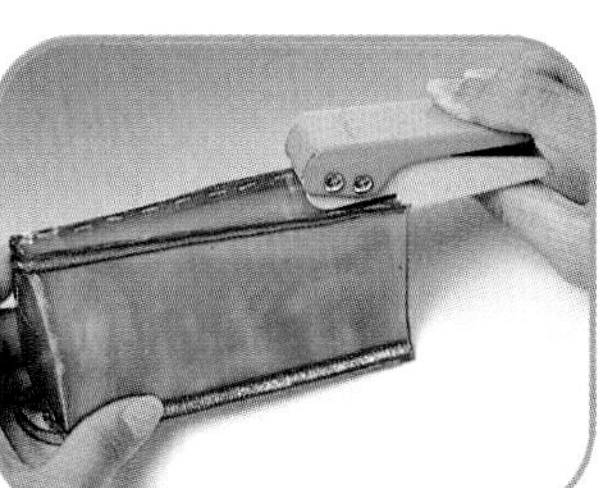

4 在兩端用打洞機打洞。

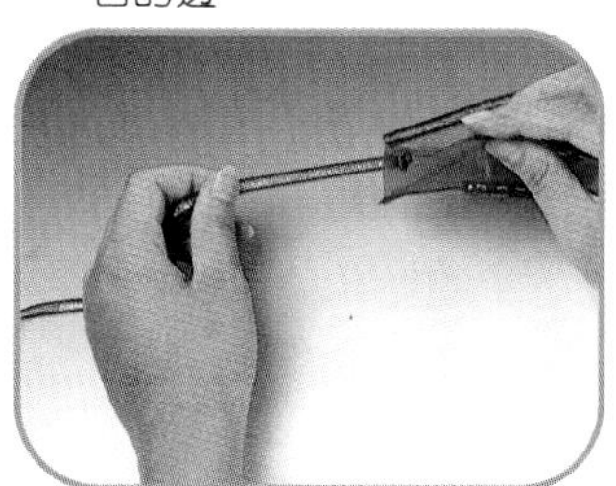

5 將緞帶穿過洞口後打結。

6 放入香水瓶後裝飾上緞帶花。

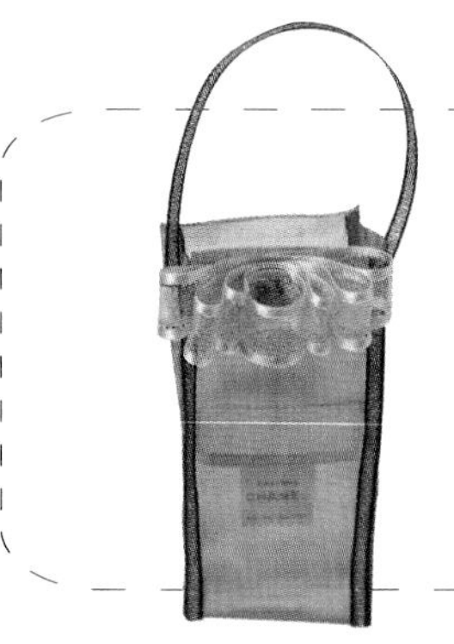

happy birthday

將麻袋穿上一件高貴的外衣，提高它的價值感。

材料：包裝紙、緞帶、麻袋。

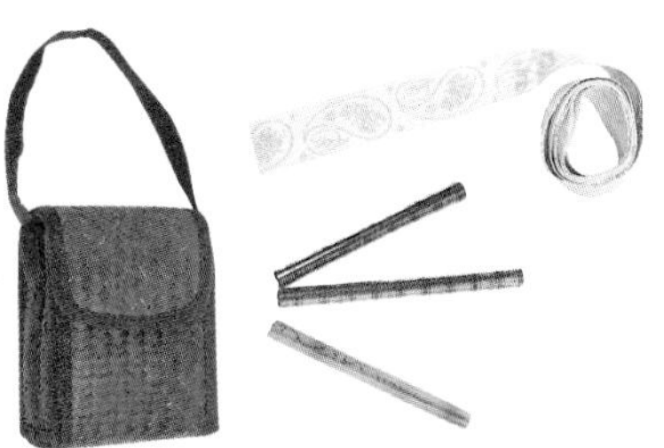

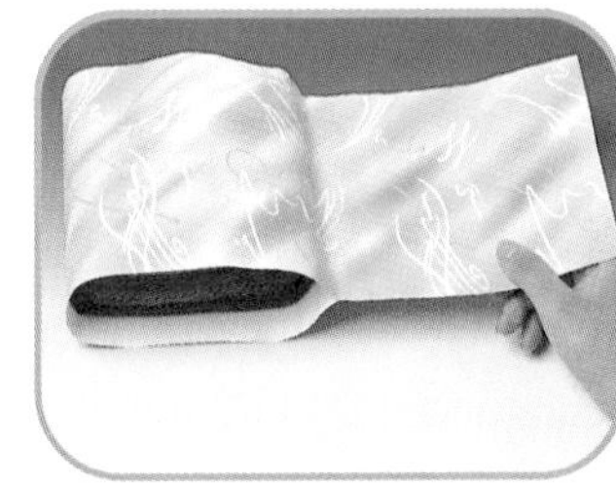

1 將禮物包裹起來後，開口處用雙面膠黏合。

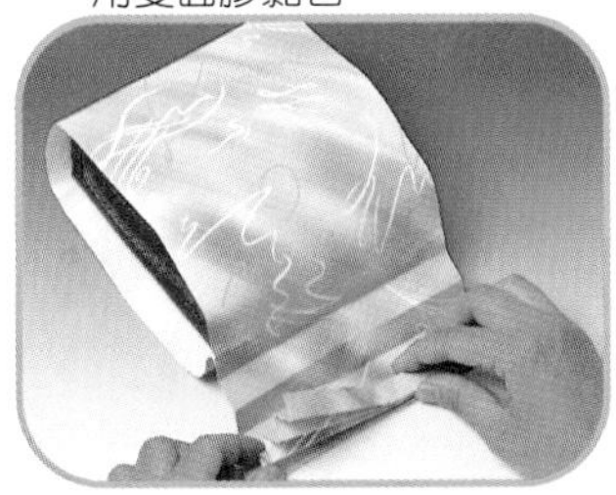

2 在開口處前後摺出摺痕。

3 用緞帶在中央打結。

4 將扇形中央接合處黏合。

5 固定上緞帶花即完成。

wrapping．環保節慶包裝－protecting the environment

protecting the environment

自製的包裝紙特別又能表現自己的誠意，免去印刷的不環保，乾淨又有質感。

簡單的包裝更顯現出手抄紙的質感。

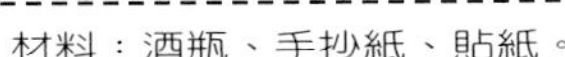

材料：酒瓶、手抄紙、貼紙。

1 將手抄紙反摺約20公分。

2 用手抄紙包裹酒瓶。

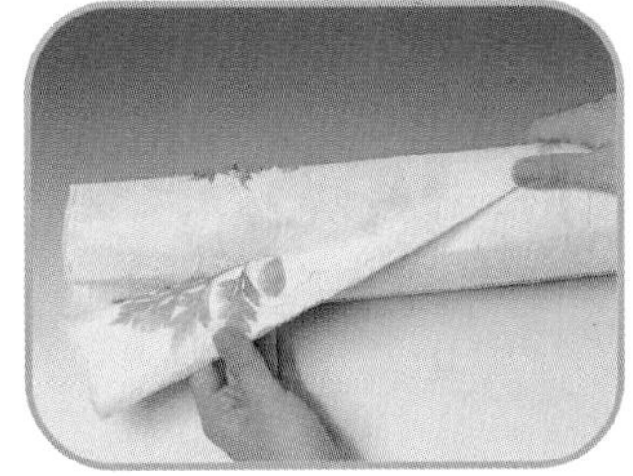

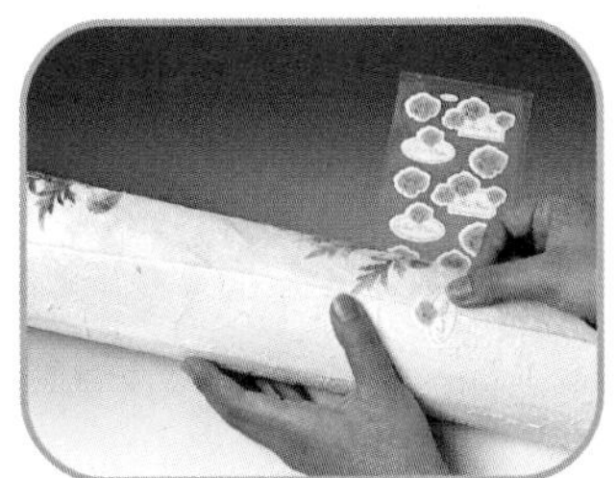

3 用圓筒包裝法固定瓶底。

4 將手抄紙向外摺。

5 用貼紙固定。

將手抄紙的花紋朝向正面，兼具美觀與環保。

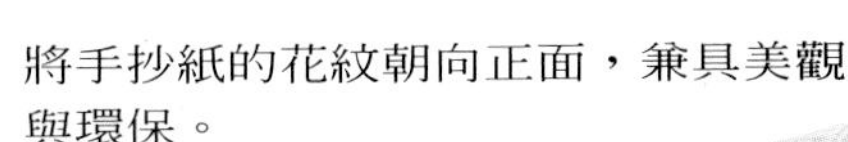

材料：手抄紙、緞帶。

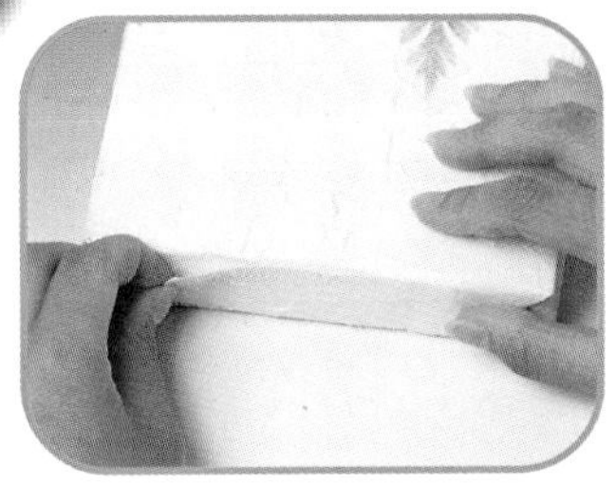

1 用基本包裝法包裝盒子。

2 用金蔥繩子固定盒面。

wrapping. 環保節慶包裝—protecting the environment

民族風味的陶鈴，用紗網做成裙子增添趣味。

材料：陶鈴、緞帶、紗網。

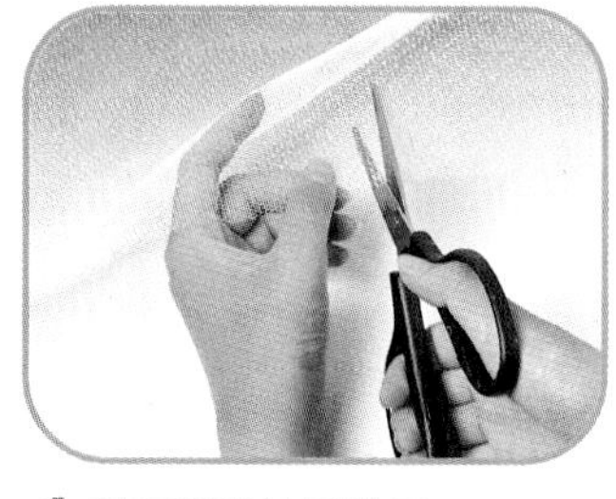

1 剪下所需紗網備用。

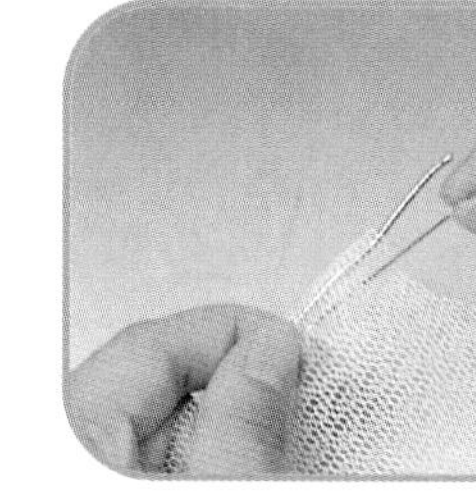

2 將金色伸縮繩和紗網縫合。

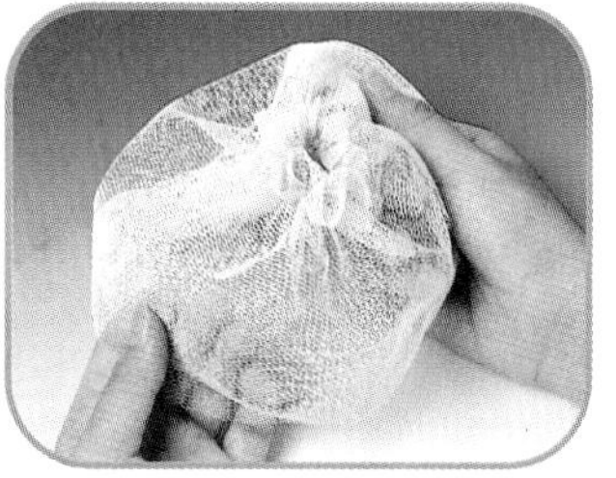

3 拉緊繩口。

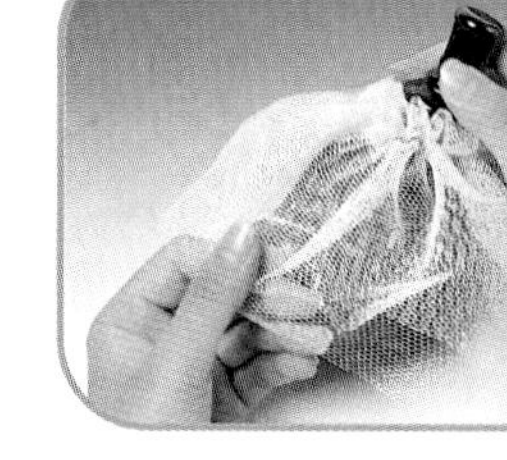

4 將鬆緊帶套入鈴噹。

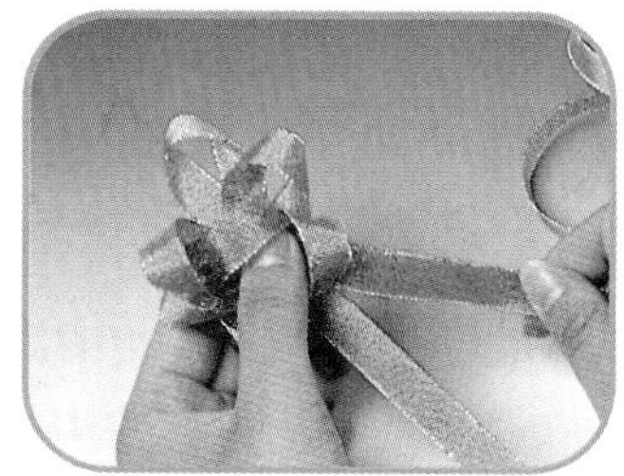

5 用緞帶打出緞帶花備用。最後將緞帶花縫至紗網上。

endironment protection

自製染色棉紙，不僅可以選擇自己喜歡的顏色，更顯現其心意。

材料：麻袋、緞帶、棉紙。

1 將麻袋用染色棉紙包裝，兩邊交叉固定。

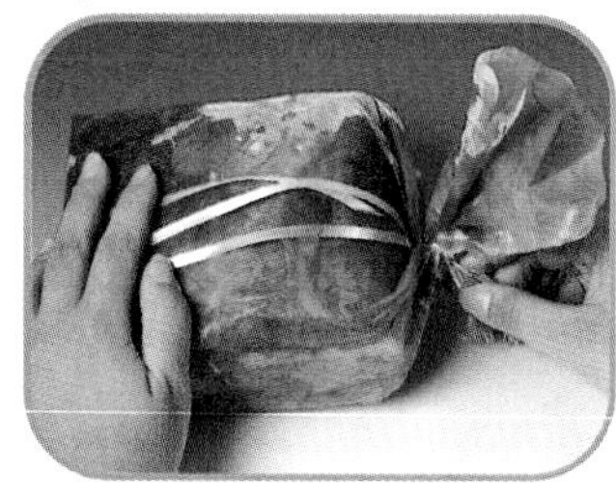

2 用緞帶固定在束口處。

3 依緞帶基本製作的方法做出緞帶花固定。

1 將衣服摺成四方形。

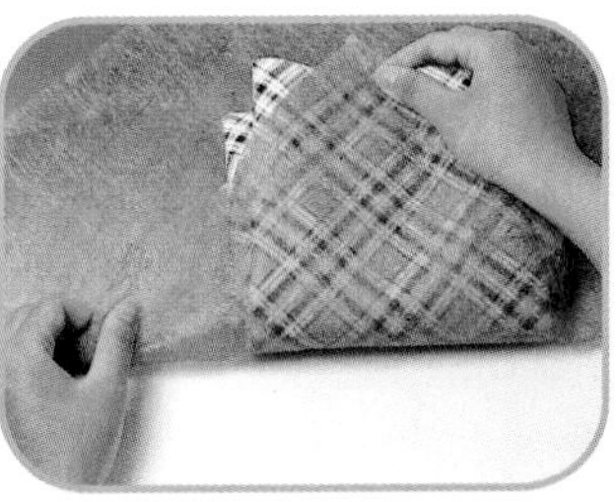

2 裁下不織布包裝紙，下方的包裝紙向上摺。

3 左右兩邊反摺。

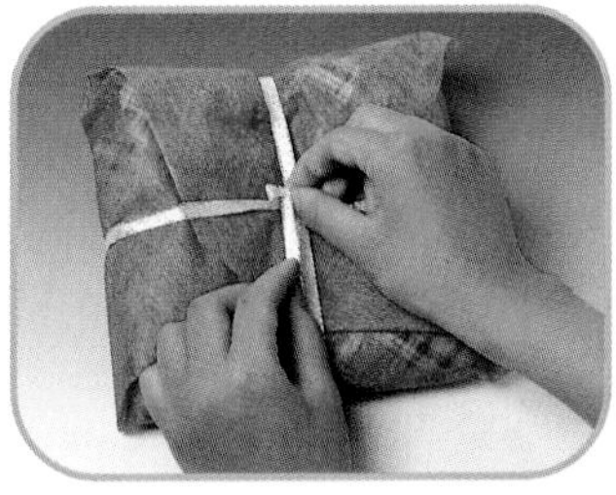

4 上方的包裝紙向下摺後固定，以防鬆開。

5 用銀色的緞帶包裝。

衣服的包裝除了盒子之外，用柔軟的棉紙包裹也不失為一個好點子。

材料：衣服、不織布、緞帶。

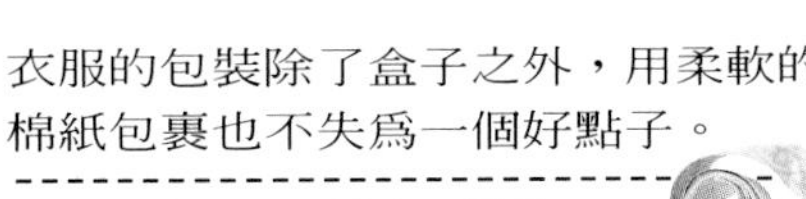

染色棉紙的酒瓶運用。

材料：酒瓶、棉紙、緞帶。

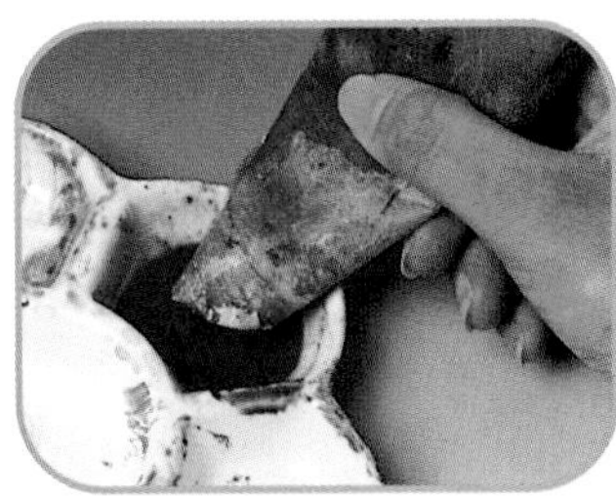

1 將棉紙隨意摺起染色。

2 吹乾後，包裹住酒瓶。用束口帶固定。

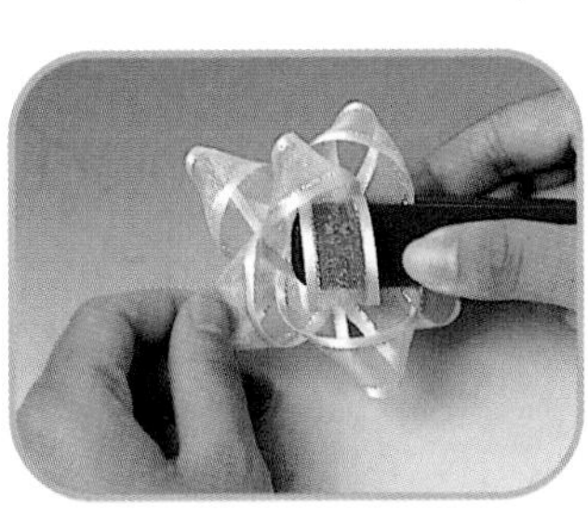

3 做出緞帶花、中間用釘書機固定。

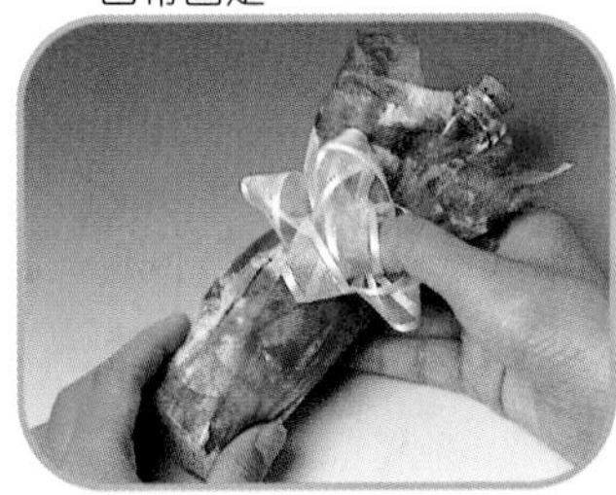

4 黏至瓶子上，即完成。

精緻手繪POP叢書目錄

精緻手繪POP廣告　精緻手繪POP業書①　簡仁吉 編著
●專為初學者設計之基礎書　●定價400元

精緻手繪POP　精緻手繪POP叢書②　簡仁吉 編著
●製作POP的最佳參考，提供精緻的海報製作範例　●定價400元

精緻手繪POP字體　精緻手繪POP叢書③　簡仁吉 編著
●最佳POP字體的工具書，讓您的POP字體呈多樣化　●定價400元

精緻手繪POP海報　精緻手繪POP叢書④　簡仁吉 編著
●實例示範多種技巧的校園海報及商業海定　●定價400元

精緻手繪POP展示　精緻手繪POP叢書⑤　簡仁吉 編著
●各種賣場POP企劃及賣景佈置　●定價400元

精緻手繪POP應用　精緻手繪POP叢書⑥　簡仁吉 編著
●介紹各種場合POP的實際應用　●定價400元

精緻手繪POP變體字　精緻手繪POP叢書⑦　簡仁吉・簡志哲編著
●實例示範POP變體字，實用的工具書　●定價400元

精緻創意POP字體　精緻手繪POP叢書⑧　簡仁吉・簡志哲編著
●多種技巧的創意POP字體實例示範　●定價400元

精緻創意POP插圖　精緻手繪POP叢書⑨　簡仁吉・吳銘書編著
●各種技法綜合運用、必備的工具書　●定價400元

精緻手繪POP節慶篇　精緻手繪POP叢書⑩　簡仁吉・林東海編著
●各季節之節慶海報實際範例及賣場規劃　●定價400元

精緻手繪POP個性字　精緻手繪POP叢書⑪　簡仁吉・張麗琦編著
●個性字書寫技法解說及實例示範　●定價400元

精緻手繪POP校園篇　精緻手繪POP叢書⑫　林東海・張麗琦編著
●改變學校形象，建立校園特色的最佳範本　●定價400元

POINT OF
PURCHASE

新書推薦

「北星信譽推薦，必屬教學好書」

林東海・張麗琦 編著

新形象出版事業有限公司

創新突破・永不休止

定價450元

新形象出版事業有限公司

北縣中和市中和路322號8F之1／TEL：(02)920-7133／FAX：(02)929-0713／郵撥：0510716-5 陳偉賢

總代理／北星圖書公司

北縣永和市中正路391巷2號8F／TEL：(02)922-9000／FAX：(02)922-9041／郵撥：0544500-7 北星圖書帳戶

門市部：台北縣永和市中正路498號／TEL：(02)928-3810

節慶DIY（6）
節慶禮品包裝

定價：400元

出 版 者：新形象出版事業有限公司
負 責 人：陳偉賢
地　　址：台北縣中和市中和路322號8F之1
電　　話：29207133・29278446
F　A　X：29290713

編 著 者：新形象
發 行 人：顏義勇
總 策 劃：范一豪
美術設計：戴淑雯、甘桂甄、盧慧欣、吳佳芳
執行編輯：戴淑雯
電腦美編：黃筱晴

總 代 理：北星圖書事業股份有限公司
地　　址：台北縣永和市中正路462號5F
門　　市：北星圖書事業股份有限公司
地　　址：永和市中正路498號
電　　話：29229000
F　A　X：29229041
網　　址：www.nsbooks.com.tw
郵　　撥：0544500-7北星圖書帳戶
印 刷 所：皇甫彩藝印刷股份有限公司
製 版 所：興旺彩色印刷製版有限公司

行政院新聞局出版事業登記證／局版台業字第3928號
經濟部公司執照／76建三辛字第214743號

西元2001年1月　第一版第一刷

國家圖書館出版品預行編目資料

節慶禮品包裝／新形象編著。--第一版。--
臺北縣中和市：新形象，2000〔民89〕
面；　公分。--（節慶DIY；6）

ISBN 957-9679-96-7（平裝）

1.包裝 - 設計

496.18　　89019109